REVOLUÇÃO DAS PLANTAS
um novo modelo para o futuro

STEFANO MANCUSO

tradução
REGINA SILVA

9 Prefácio

15 1 Memórias sem cérebro
26 2 Das plantas aos plantoides
40 3 A sublime arte da mimese
59 4 Mover-se sem músculos
75 5 Capsicófagos e outros escravos vegetais
93 6 Democracias verdes
126 7 Arquiplantas
143 8 Cosmoplantas
158 9 Vivendo sem água doce

177 Bibliografia
185 Índice onomástico
188 Sobre o autor

Para Annina

prefácio

Tenho a impressão de que a maioria das pessoas não percebe a real importância das plantas para a vida humana. É claro que todos sabem – ou pelo menos espero que saibam – que respiramos graças ao oxigênio produzido pelos vegetais e que toda a cadeia alimentar, e, portanto, a comida que alimenta todos os animais da Terra, baseia-se nas plantas. Mas quantos têm clareza de que petróleo, carvão, gás e todos os chamados recursos energéticos não renováveis são nada mais do que formas diferentes da energia solar fixada pelas plantas há milhões de anos? Quantos sabem que os princípios ativos dos remédios são, em grande parte, de origem vegetal? Ou que a madeira, graças às suas características surpreendentes, ainda é o material de construção mais utilizado em muitas áreas do mundo? Nossa vida, assim como a de qualquer outra forma animal neste planeta, depende do mundo das plantas.

Pode-se pensar que já sabemos tudo sobre organismos tão importantes para a sobrevivência da humanidade – e dos quais grande parte da economia depende. De maneira nenhuma: apenas em 2015 foram descobertas 2034 novas espécies de plantas. E não pense que são plantinhas microscópicas que escaparam à atenção dos botânicos; uma delas, a *Gilbertiodendron maximum*, é uma árvore endêmica da floresta tropical do Gabão, com cerca de 45 metros, tronco que pode atingir um metro e meio de diâmetro e massa total de mais de cem toneladas. E 2015 não foi um caso excepcional. Na última década, o número de novas espécies descritas ultrapassou 2 mil por ano.

É sempre um bom negócio pesquisar novas plantas. Nunca se sabe o que é possível descobrir. Mais de 31 mil espécies diferentes têm uso documentado; entre elas, quase 18 mil são utilizadas para fins medicinais, 6 mil para alimentação, 11 mil como fibras têxteis e materiais de construção, 1300 para usos sociais (como em rituais religiosos e como drogas), 1600 como fonte de energia, 4 mil como alimento para animais, 8 mil para propósitos ambientais, 2500 como venenos etc. A conta pode ser feita rapidamente: cerca de um décimo das espécies tem uso imediato para a humanidade. Como disse, trata-se de um bom negócio. Poderia se tornar ótimo negócio se começássemos a usar plantas não só pelo que elas produzem, mas também pelo que podem nos ensinar.

De fato, elas são um modelo de modernidade; e o propósito deste livro é deixar isso claro. Dos materiais à autonomia energética, da resistência às estratégias adaptativas, as plantas encontraram desde tempos imemoriais as melhores soluções para a maioria dos problemas que afligem a humanidade. Basta saber como e onde procurar.

Entre 400 milhões e 1 bilhão de anos atrás, diferentemente dos animais, que escolheram se mexer para encontrar alimento, algo indispensável, as plantas tomaram uma decisão oposta no aspecto evolutivo. Elas preferiram não se mover, obtendo do Sol toda a energia necessária para sobreviver e adaptando o próprio corpo à predação e a inúmeras outras restrições decorrentes do fato de estarem enraizadas no solo. Isso não é nada fácil. Tentem pensar como é complicado permanecer vivo em um ambiente hostil, incapaz de se mover. Imaginem que vocês sejam uma planta, cercada por insetos, animais herbívoros e predadores de todas as espécies, e não podem fugir. A única maneira de sobreviver é ser indestrutível; ser constituída de forma inteiramente diferente de um animal. Ser, com efeito, uma planta.

Para evitar os problemas relacionados à predação, as plantas evoluíram em uma direção única e insólita, desenvolvendo soluções tão distantes das dos animais que são, para nós, o próprio exemplo da diversidade. Organismos tão diferentes de nós que poderíamos muito bem considerá-las alienígenas. Muitas das soluções desenvolvidas pelas plantas são exatamente o oposto daquelas criadas pelo mundo animal. Os animais se movem, as plantas ficam paradas; os animais são rápidos, as plantas, lentas; animais consomem, plantas produzem; os animais geram CO_2, as plantas fixam CO_2... E assim por diante, até a oposição decisiva, a mais importante e a mais desconhecida: a que se estabelece entre difusão e concentração. Qualquer função que nos animais é confiada a órgãos específicos, nas plantas é espalhada por todo o corpo. É uma diferença fundamental, cujas consequências são difíceis de entender por completo. Uma estrutura *tão diferente* é exatamente uma das razões pelas quais as plantas nos parecem *tão diferentes*.

Os humanos sempre buscaram substituir, expandir ou melhorar algumas funções humanas. Na prática, o homem sempre tentou reproduzir os fundamentos da organização animal na fabricação de seus instrumentos. Tomemos o computador. Ele é projetado conforme esquemas ancestrais: um processador, representando o cérebro, cuja função é governar o *hardware*, e depois discos rígidos, memória RAM, placas de vídeo e de áudio... Essa é a mera transposição de nossos órgãos em um modelo sintético. Tudo o que o homem projeta tende a ter, de maneira mais ou menos óbvia, esta arquitetura: um cérebro central que governa e órgãos que executam seus comandos. Até as sociedades são organizadas de acordo com essa configuração arcaica, hierárquica e centralizada. Um modelo cuja única vantagem é fornecer respostas rápidas – por isso nem sempre corretas –, mas muito frágil e nada inovador.

Mesmo sem ter qualquer órgão semelhante a um cérebro central, as plantas podem perceber o ambiente que as rodeia com uma sensibilidade mais elevada que a dos animais; competem ativamente pelos limitados recursos disponíveis no solo e na atmosfera; avaliam com precisão as circunstâncias; realizam análises sofisticadas de custo-benefício; e, finalmente, definem e realizam ações apropriadas em resposta aos estímulos ambientais. O caminho tomado por elas, portanto, é uma alternativa a ser levada em conta, especialmente em tempos em que a percepção das mudanças e a elaboração de soluções inovadoras tornam-se atitudes fundamentais.

Qualquer organização centralizada é inerentemente fraca. Em 22 de abril de 1519, Hernán Cortés desembarcou no México, na atual Veracruz, com cem marinheiros, cerca de quinhentos soldados e alguns cavalos. Dois anos depois, em 13 de agosto de 1521, a queda da capital Tenochtitlán marcou o fim da civilização asteca. O mesmo destino teriam os Incas pelas mãos de Francisco Pizarro, alguns anos depois, em 1533. Em ambos os casos, exércitos menores conseguiram derrubar impérios grandes, seculares e frágeis, graças à captura de seus governantes: Montezuma e Atahualpa. Isso ocorreu porque os sistemas centralizados são delicados. Algumas centenas de quilômetros ao norte de Tenochtitlán, os Apache – muito menos avançados que os Asteca, mas que, ao contrário deles, não tinham nenhum tipo de poder centralizado – resistiram a Cortés, mesmo depois de uma longa guerra.

As plantas incorporam um modelo muito mais resistente e moderno que o dos animais; elas são a representação viva de como a solidez e a flexibilidade podem ser combinadas. Sua composição modular é a quintessência da modernidade: uma arquitetura cooperativa, distribuída, sem centros de comando, capaz de resistir perfeitamente a repetidos eventos catastróficos sem perder a funcionalidade e de se adaptar com rapidez a enormes mudanças ambientais.

A organização anatômica complexa e as principais funcionalidades da planta requerem um sistema sensorial bem desenvolvido, que permite ao organismo explorar o ambiente de forma eficiente e reagir de imediato a eventos potencialmente prejudiciais. Assim, para utilizar os recursos do meio ambiente, as plantas se valem, entre outras coisas, de uma rede de raízes refinada, constituída por ápices que se desenvolvem de forma contínua e exploram ativamente o solo. Não é por acaso que a internet, o próprio símbolo da modernidade, é construída na forma de uma rede de raízes.

Quando se trata de força e inovação, nada se iguala às plantas. Graças à evolução – que as levou a desenvolver soluções muito diferentes daquelas encontradas pelos animais –, elas são, desse ponto de vista, organismos muito mais modernos.

Seria bom levarmos isso em conta ao projetar nosso futuro.

1
MEMÓRIAS SEM CÉREBRO

Memória: em geral, a capacidade, comum a muitos organismos, de preservar um traço mais ou menos completo e duradouro dos estímulos externos experimentados e das respectivas respostas.
Enciclopédia Treccani

Inteligência é a esposa, a imaginação é a amante, a memória é a serva.
VICTOR HUGO, *Post-scriptum de ma vie*

Possuímos uma memória imensa, presente em nós sem que o saibamos.
DENIS DIDEROT

Animais ou plantas: a experiência ensina

Sempre me interessei pela inteligência das plantas e, portanto, não pude evitar me dedicar à memória delas. Talvez essa afirmação possa lhes parecer estranha, mas tentem refletir sobre isso por um momento. É fácil conceber que a inteligência não é fruto do trabalho de um único órgão; ela é inerente à vida, seja cerebral ou não. As plantas, desse ponto de vista, são a demonstração mais evidente de como o cérebro é um "acidente" que evoluiu apenas em um pequeno número de seres vivos, os animais, enquanto na maior parte dos seres vivos – representada por organismos vegetais – a inteligência se desenvolveu mesmo sem um órgão dedicado a ela. Por outro lado, não consigo imaginar nenhum tipo de inteligência que não tenha uma forma de memória própria, mesmo peculiar.

De fato, memória é algo diferente da inteligência em si. Sem a primeira, não é possível aprender, e a aprendizagem é um dos requisitos da própria inteligência. Como seria possível imaginar um indivíduo talentoso que não muda de reação quando submetido repetidamente ao mesmo tipo de problema? Eu sei, cada um de nós muitas vezes tem a sensação de responder aos mesmos problemas sempre da mesma forma, mesmo sabendo que está errado; também sei que cada um de nós poderia dar inúmeros exemplos de amigos e de parentes que não melhoram seu desempenho diante de questões específicas. Mas isso é apenas uma impressão. Em que pesem as muitas exceções ou casos particulares, muitas vezes ligados a patologias mais ou menos sutis, em geral os organismos são capazes de aprender com a experiência. As plantas não escapam a essa regra de ouro e respondem, de maneira cada vez mais apropriada, quando problemas conhecidos se repetem ao longo de sua existência. Tudo isso não poderia acontecer sem a capacidade de armazenar informações relevantes em algum lugar para superar obstáculos específicos. Isto é, sem memória.

Mas não esperem que alguém fale claramente de memória para se referir às inúmeras atividades vegetais análogas àquelas que nos animais requerem o uso do cérebro. Quando se fala de plantas, que não têm cérebro, geralmente termos específicos são inventados: aclimatação, endurecimento, estado de alerta [*priming*], condicionamento... Todas essas acrobacias linguísticas foram criadas ao longo dos anos por cientistas, a fim de evitar o uso do velho, conveniente e simples termo "memória".

No entanto, todas as plantas são capazes de aprender com a experiência e, portanto, possuem mecanismos de memorização. Exemplificando: se uma planta qualquer, digamos uma oliveira, for sujeita a um estresse como seca, salinidade ou algo parecido, ela responderá implementando as modificações necessárias na anatomia e no metabolismo para garantir a sobrevivência. Até agora nada de estranho, certo? E se, depois de certo período, propusermos o mesmo estímulo à mesma planta, talvez com intensidade até maior, notaremos um dado aparentemente surpreendente. Ela responderá melhor ao estresse. Portanto, aprendeu a lição! Ela registrou em algum lugar as soluções usadas e, quando necessário, rapidamente as recuperou para reagir com mais eficiência e precisão. Enfim, aprendeu e conservou na memória as melhores respostas, aumentando as chances de sobrevivência.

Planta não tem memória curta

Ao contrário de muitos aspectos da vida vegetal que apresentam semelhanças significativas com o mundo animal e têm uma história de estudos, que, embora não seja longa, já está bastante consolidada (penso em inteligência, habilidades de comunicação, capacidade de desenvolver estratégias de defesa, comportamento etc.), no caso da memória, os testes comparativos são bem mais recentes. No entanto, o primeiro notável a abordar esse tema é tão importante que justifica a longa espera: trata-se de Lamarck. Ou melhor, Jean-Baptiste Pierre Antoine de Monet, cavaleiro de Lamarck [1744–1829], porque apenas o nome completo traduz à altura a relevância de sua atividade como cientista. O pai da biologia – no sentido literal da palavra, tendo criado o próprio termo – interessou-se, como outros naturalistas de sua época, pela vida das plantas, sobretudo pelos fenômenos relacionados aos movimentos rápidos, típicos das chamadas sensitivas (plantas que respondem de maneira imediata e visível a determinados estímulos). Em particular, durante um longo período de sua carreira, ele mostrou um grande interesse pelo funcionamento exato do mecanismo de fechamento das folhinhas da *Mimosa pudica*, procurando entender por que ele teria sido ativado. É preciso dizer que, sobre isso, até hoje não temos uma ideia clara.

Suponho que todos vocês conheçam a *Mimosa pudica*.[1] Hoje ela é vendida até em supermercados; no entanto, para aqueles poucos que nunca a viram, trata-se de uma insólita e graciosa planta que, como o próprio nome diz, fecha delicadamente as folhinhas, em um movimento de extremo pudor, quando elas são submetidas a algum estímulo externo (por exemplo, se forem tocadas). Graças a essa resposta imediata, tão rara no mundo vegetal, essa planta nativa das regiões tropicais do continente americano despertou grande interesse quando chegou à Europa. Cientistas do calibre de Robert Hooke [1635–1703], o famoso microscopista inglês que foi o primeiro a visualizar e a descrever uma célula, ou do médico francês Henri Dutrochet [1776–1847], considerado o pai da

---

1 *Mimosa pudica*, conhecida no Brasil como dormideira, é uma planta sensível nativa da América Latina e do Caribe e se espalhou para vários países no cinturão tropical. Suas inflorescências cor-de-rosa caracterizam-se pelos muitos estames alongados que lhe conferem a típica aparência de penas.

biologia celular, dedicaram-se a ela. Em suma, durante alguns anos a *Mimosa pudica* foi uma verdadeira estrela da botânica.

Nem mesmo nosso cavaleiro Lamarck escapou ao seu fascínio, aprofundando seu conhecimento com inúmeros experimentos e estudando seu comportamento em situações bastante originais. Mas foi acima de tudo uma peculiaridade que chamou a atenção de Lamarck: o fato de que, a certa altura, as folhas já não respondiam e ignoravam qualquer estímulo posterior se sujeitas a repetidos estímulos da mesma natureza. Lamarck acertou quando atribuiu essa interrupção ao "cansaço"; em essência, após repetidos fechamentos das folhinhas, a planta não tinha mais energia disponível para outros movimentos. Algo semelhante ao que acontece com o trabalho muscular em animais, que não pode continuar indefinidamente e é limitado pela quantidade de energia disponível, também caracterizava a *Mimosa pudica*. Mas nem sempre.

Lamarck observou que, às vezes, ainda que com os mesmos estímulos, o "sujeito" parava de fechar as folhas bem antes de esgotar sua energia. Isso o intrigou; ele não conseguia entender a razão para esse comportamento aparentemente imprevisível. Até que um dia ele se deparou com um experimento original, realizado por René Desfontaines [1750–1833], que parecia responder às suas perguntas. O botânico francês elaborou um experimento inédito. Pediu a um de seus alunos que transportasse um grande número de plantas em uma carruagem para um agradável passeio por Paris e escrupulosamente verificasse o comportamento delas. Ele deveria, sobretudo, observar com atenção quando elas fechassem as folhas. O estudante, cujo nome não sabemos, evidentemente acostumado aos pedidos extravagantes de seu mestre, não titubeou. Colocou nos assentos de um cupê vários vasos de *Mimosa pudica* e ordenou ao condutor que desse uma volta pelos lugares mais interessantes da cidade, com um trote moderado e, se possível, ininterrupto.

Não desfrutou muito do passeio. Estava ocupado demais registrando as observações minuciosas sobre o comportamento das plantas em seu caderno de campo, enquanto as folhas se fechavam no começo das primeiras vibrações da carruagem sobre o pavimento das ruas de Paris. No final das contas, para o jovem estudante não deve ter sido uma experiência muito interessante; Desfontaines não ficou satisfeito. Como era de esperar, as plantas fecharam as folhinhas às primeiras vibrações da carruagem... Então? O que seu mestre esperava desse experimento? Independentemente de qualquer coisa, não parecia um bom dia para obter um resultado satisfatório. No entanto, enquanto continuavam passeando, algo inesperado aconteceu. Primeiro uma, depois duas, depois outras cinco, finalmente todas as mudas começaram a abrir as folhas, apesar de as vibrações da carruagem terem continuado com igual intensidade. Foi um fato interessante. O que estava acontecendo? O aluno desconhecido teve um estalo e anotou no caderno: as plantas estavam se *acostumando*.

Os resultados do experimento realizado nas ruas de Paris compuseram uma interessante memória da Sociedade de Botânica e um pequeno texto em *Flore française* [Flora francesa], escrito por Lamarck e Augustin-Pyramus de Candolle [1778–1841], mas foram logo esquecidos, como acontece com muito mais frequência do que se pode imaginar com várias intuições geniais. Ainda assim, os apontamentos do teste de Desfontaines eram claros demais e decididamente visavam identificar um comportamento adaptativo derivado do armazenamento de informações. Como as folhas recatadas de *Mimosa* poderiam ter se acostumado aos solavancos contínuos da carruagem se não tivessem alguma forma de memória? Uma dúvida certamente fascinante, à qual, no entanto, foram negadas confirmações científicas durante muito tempo.

Então, em maio de 2013, Monica Gagliano, pesquisadora da University of Western Australia, em Perth, transferiu-se por seis meses para o laboratório que dirijo. Quando chegou ao LINV (Laboratório Internacional de Neurobiologia Vegetal da Universidade de Florença), Monica era uma pesquisadora de biologia marinha com interesses muito variados, que iam de filosofia a evolução das espécies e botânica, e tinha justamente o propósito de aprofundar seus conhecimentos sobre o mundo vegetal durante sua estadia. Ou melhor, sobre um aspecto particular do mundo das plantas: o comportamento. Assim, como é natural acontecer durante as longas discussões sobre os respectivos campos de estudo, começamos a planejar alguns experimentos que poderiam, por um lado, justificar sua permanência no LINV perante sua universidade e, por outro, que fossem capazes de fornecer respostas a algumas das muitas curiosidades suscitadas por nossas conversas sobre o comportamento das plantas. Entre elas, pareceu-me de fundamental importância demonstrar experimentalmente algo que, havia muito tempo, muitos acreditavam ser verdade, mas sem qualquer base científica real, ou seja, que as plantas eram dotadas de uma memória eficaz. Uma vez que entramos em acordo sobre o tema da nossa pesquisa, faltava a parte mais difícil: como mostrar que as plantas melhoram a eficiência de sua resposta pelo fato de terem uma forma particular de memória?

Alguns meses antes, durante uma visita ao escritório japonês do LINV em Kitakyushu, meu querido amigo e colega e diretor do setor Tomonori Kawano havia me mostrado com legítimo orgulho alguns dos milhares de volumes que a Sorbonne, em Paris, havia descartado e que, graças a uma inteligente negociação, ele conseguira salvar da destruição e trazer para o Japão. Em meio às muitas maravilhas, havia também uma cópia original de *Flore française*, de Lamarck e De Candolle, que contava a experiência de Desfontaines sobre os efeitos de carregar mudas de *Mimosa pudica* pelas ruas da capital francesa. Aquela história de passeios de carruagem improváveis que nos divertira muito – com ironia, Tomonori definiu o pupilo de Desfontaines como um exemplo do perfeito estudante japonês – me veio à mente. Conversei então com Monica a respeito. Seria possível imaginar uma reedição desse clássico, elaborando-o de modo a ser cientificamente plausível? Depois de alguns dias, o novo protocolo do que imediatamente concordamos em chamar de "experimento Lamarck e Desfontaines" estava pronto.

Em 2013, era impensável repetir o passeio de carruagem com as plantas, mas a ideia de estimulação repetida, sim, gostaríamos de retomá-la. O escopo do experimento era duplo: por um lado, demonstrar que as mudas de *Mimosa pudica* eram capazes, após certo número de repetições, de identificar um estímulo como não perigoso e, portanto, deixar suas folhinhas abertas; por outro, verificar se, após um período adequado de preparação, elas seriam capazes de distinguir entre dois estímulos, um dos quais, conhecido, e de responder adequadamente. Em outras palavras, estávamos curiosos para saber se as plantas eram capazes de se lembrar de um estímulo não perigoso a que estavam sujeitas e de distingui-lo de um novo potencialmente arriscado.

Preparamos rapidamente um aparato experimental simples, mas eficaz. O "Lamarck e Desfontaines" previa que as plantas, colocadas em vasos, fossem submetidas a quedas repetidas de uma altura de cerca de dez centímetros. O salto, quantificável com precisão, representava o estímulo. Os resultados se mostraram imediatamente estimulantes, confirmando-nos a exatidão das observações de Desfontaines. Após uma série de repetições (cerca de sete ou oito), as plantas pararam de fechar as folhinhas, ignorando solenemente todas as quedas posteriores. Agora era necessário entender se se tratava de um simples cansaço ou se as plantas de fato entendiam que não havia o que temer. A única maneira de fazer isso era submetê-las a um estímulo diferente do primeiro. Em seguida, montamos uma engenhoca com a qual podíamos agitar os vasos na direção horizontal e submetemos as plantas a esse novo impulso, que também era perfeitamente quantificável; elas responderam fechando as folhas imediatamente. Um bom resultado. Graças ao "Lamarck e Desfontaines" conseguimos mostrar que as plantas podiam aprender a não periculosidade de um evento e distingui-lo de outros potencialmente arriscados. Elas eram, portanto, capazes de se lembrar de uma experiência passada.

Mas qual é a duração dessa lembrança? Para responder a essa questão, deixamos que algumas centenas de plantas treinadas para distinguir entre os dois estímulos repousassem tranquilamente, verificando, mais tarde, se elas conservavam a memória do que haviam aprendido. O resultado superou todas as nossas expectativas. A *Mimosa pudica* lembrava por mais de quarenta dias. Muito tempo, se comparado aos padrões de duração da memória em muitos insetos, mas semelhante ao de vários animais superiores.

Como um mecanismo como esse funciona em seres sem cérebro, como plantas, ainda é um mistério. Inúmeras pesquisas, realizadas sobretudo no campo da memória do estresse, parecem demonstrar a importância fundamental da epigenética na formação desse tipo de memória. Esse ramo da biologia descreve a hereditariedade de variações que não são atribuíveis a mudanças na sequência de DNA; em outras palavras, são mudanças – como a modificação das *histonas*, proteínas cujo papel principal é organizar o DNA, ou a *metilação*, a ligação de um grupo metil-CH3 a uma base nitrogenada do próprio DNA – que alteram a expressão de genes, mas não sua sequência.

Recentemente, boa parte do DNA não codificante presente na célula, antes conhecido como "DNA lixo", começou a revelar funções inesperadas de extrema importância para a biologia celular. Por exemplo, é responsável pela produção de moléculas de RNA que desempenham um papel fundamental no desenvolvimento do embrião, nas funções cerebrais e em outras etapas cruciais na vida dos indivíduos. Como é frequente na história da biologia, muitos avanços nesse campo foram possíveis graças à pesquisa com plantas; sobretudo, nos últimos tempos, a partir de estudos voltados para esclarecer o mistério da memória das plantas. Apenas para mencionar um caso concreto, como as plantas lembram o momento exato em que devem florescer? Seu sucesso reprodutivo e a capacidade de gerar descendentes são baseados, antes de mais nada, na capacidade de florescer no momento certo. Muitas plantas esperam certo número de dias para florescer, a partir da exposição ao frio do inverno. Portanto, são capazes de lembrar quanto tempo se passou.

Essa é obviamente uma memória epigenética, mas nada se sabia sobre seu funcionamento até recentemente. Na edição de setembro de 2016 da revista *Cell Reports*, o grupo de trabalho coordenado por Karissa Sanbonmatsu, do Laboratório Nacional de Los Alamos, publicou os resultados obtidos trabalhando em uma sequência específica de RNA, chamada COOLAIR, que controla o tempo de florescimento das plantas na primavera, detectando quanto tempo se passou desde a exposição ao frio. Quando essa sequência é desativada ou removida, as plantas são incapazes de florescer. Sem entrar na complicada dinâmica do funcionamento do COOLAIR (que seria essencialmente o repressor de um repressor de floração), o que nos interessa é que esses mecanismos podem ser muito mais comuns do que pensávamos e representam a base do funcionamento da memória vegetal. Além disso, nas plantas, as modificações epigenéticas parecem desempenhar um papel mais relevante do que nos animais. Assim, é provável que alterações na expressão dos genes após estresse sejam lembradas pelas células por meio de modificações epigenéticas.

Recentemente, uma pesquisa do grupo liderado por Susan Lindquist [1949–2016], do departamento de biologia do MIT (Massachusetts Institute of Technology), em Cambridge, nos Estados Unidos, apresentou uma hipótese: as plantas, pelo menos em casos como o da memória de floração, podem usar proteínas priônicas. Príones são proteínas nas quais a cadeia de aminoácidos é enrolada de maneira incorreta (*misfolding*, em inglês) e que propagam essa malformação em uma espécie de efeito dominó para todas as proteínas vizinhas. Nos animais, os príones não carregam nada de bom; apenas, como exemplo, a doença de Creutzfeldt-Jakob, mais conhecida como doença da vaca louca, deve-se justamente a eles. Nas plantas, no entanto, eles podem fornecer uma maneira original de memória bioquímica.

Ao contrário do que se poderia pensar, a importância desses estudos vai além do interesse botânico puro, embora elevado: entender o funcionamento da memória em seres sem mente, além de resolver o mistério de como as plantas lembram, também serve para entender melhor a memória humana; quais mecanismos levam a suas alterações ou patologias e como formas particulares da memória podem ser localizadas mesmo fora do sistema nervoso. Além disso, qualquer descoberta sobre o funcionamento biológico da memória é valiosa para as aplicações tecnológicas. Em outras palavras, qualquer avanço na pesquisa sobre essas questões é de interesse geral e tem um potencial que atualmente não podemos imaginar.

2

DAS PLANTAS AOS PLANTOIDES

Olhe com profundidade para a natureza,
você entenderá tudo melhor.
ALBERT EINSTEIN

A abordagem bioinspirada é uma novidade?

Após anos de anúncios prematuros, preocupações, correções e esclarecimentos, a tão esperada revolução robótica parece estar prestes a vencer seu desafio; autômatos econômicos e confiáveis estão substituindo o homem em muitas atividades que, até poucas décadas atrás, só podiam ser realizadas pelo trabalho humano. Alguns já fazem parte do nosso cotidiano: robôs aspiradores de pó, cortadores de grama em jardins ou limpadores de ruas não são mais prerrogativa de filmes de ficção científica.

Apesar dessa realidade indiscutível, e embora os robôs tenham se tornado ferramentas indispensáveis em muitos campos, a percepção geral é que seu advento, tão temido por alguns quanto esperado por outros, ainda está por vir. É uma percepção em grande parte equivocada, relacionada à ideia que temos de tais máquinas. Na verdade, sua disseminação aumentou exponencialmente; em áreas como automação industrial, medicina, pesquisa subaquática e similares, seu uso já é insubstituível. Todos os dias ouvimos falar de novas aplicações: robôs que fabricam explosivos, robôs de limpeza, robôs submarinos... E, no entanto, se falamos disso entre amigos, ninguém parece atentar ao fato de que há mais autômatos hoje do que trinta anos atrás. Do que depende tudo isso? Minha opinião é que essa percepção está ligada à ideia popular de robôs, o androide, construído para imitar a fisionomia e as características humanas, formada a partir de centenas de filmes e romances sobre o assunto.

Como se sabe, o termo robô deriva do tcheco *robota*: trabalho pesado ou forçado (em polonês, o termo *robotnik* significa "trabalhador"). Foi usado pela primeira vez pelo escritor tcheco Karel Čapek na peça *R.U.R. – Rossum's Universal Robots* [Os robôs universais de Rossum], de 1920, e imediatamente se popularizou, favorecendo a difusão da ideia em sua origem. Mas, no drama de ficção científica de Čapek, os trabalhadores artificiais que deveriam simplificar a vida humana são, na verdade, replicantes, isto é, humanoides orgânicos. Talvez por esse motivo logo se tornou difundida a crença de que um robô, mesmo mecânico, era essencialmente um escravo humanoide, uma réplica nossa simplificada. E pouco depois, em 1927, a obra-prima do cinema expressionista de Fritz Lang, *Metropolis*, fixou para sempre a figura do homem-máquina no imaginário coletivo. Mas, fora da ficção narrativa, quem disse que a forma humana é a mais adequada para a fabricação de um robô?

A presunção de que essas máquinas devem necessariamente assemelhar-se a um homem é, no entanto, fascinante, já que sugere que nossa abordagem para a produção de novas tecnologias é a de uma substituição, expansão ou melhoria das funções humanas. Na prática, o homem sempre tentou se replicar – ou, pelo menos, a essência de sua forma animal – na elaboração de seus próprios instrumentos. Tomemos o computador, esse dispositivo insubstituível que é o símbolo da modernidade. Pode parecer algo totalmente diferente de nós, mas é projetado a partir de esquemas ancestrais: um processador que representa o cérebro e tem a função de governar o *hardware*; periféricos, discos rígidos, memória RAM, cartões de memória, placas de vídeo e de áudio que transpõem nossos órgãos em um modelo tecnológico, *sic et simpliciter*. Tudo o que o homem constrói tende a ter, de uma maneira mais ou menos evidente, a mesma arquitetura subjacente comum, com um "cérebro pensante" que governa os "órgãos atuantes". Até as empresas, como veremos, são construídas sobre esse modelo.

Felizmente, nos últimos anos, a chamada abordagem *bioinspirada* – aquela que toma a natureza como um modelo a ser imitado para a resolução de problemas tecnológicos – começou a ser usada para o design e a produção de novos materiais e máquinas. Nada de novo sob o sol. Esse é o mesmo método usado por Leonardo da Vinci [1452–1519] na maioria de suas obras, incluindo o "cavaleiro mecânico", concebido por volta de 1495, que representa o primeiro projeto documentado de um robô humanoide capaz, de acordo com as notas contidas no *Códice Atlântico* e em outros cadernos, de se levantar, mover os braços e a cabeça, abrir a boca e emitir sons. A invenção, talvez preparada para uma das magníficas festas da corte dos Sforza em Milão, foi claramente bioinspirada porque foi baseada na pesquisa anatômica representada no Homem Vitruviano, o famoso desenho à pena e tinta do gênio toscano.

Mas a bioinspiração trouxe novos ares até mesmo para a robótica contemporânea. O homem não é mais o único modelo inspirador. Todo o mundo animal tornou-se uma mina de soluções para estudar e imitar. Nos últimos anos, os *animaloides* e *insectoides* tornaram-se cada vez mais populares, e foram projetados com bons resultados robôs que replicam salamandras, mulas e até mesmo polvos. Por exemplo, para construir um robô que agarre e mova objetos embaixo d'água, inspirar-se na inteligência altiva do polvo é certamente uma excelente ideia. Se for necessário projetar um robô anfíbio, que possa facilmente passar do ambiente aquático para o terrestre, o que pode ser melhor que inspirar-se numa salamandra? No entanto, no momento, a bioinspiração parece estar limitada ao reino animal. E as plantas? Bem, até agora não foi considerado que elas podem contribuir de maneira significativa para a questão.

Eu, no entanto, não concordo. Acredito que há muitas boas razões para imitar o reino vegetal. As plantas consomem pouca energia, fazem movimentos passivos, são "construídas" em módulos, são robustas, têm uma inteligência distribuída (em oposição à dos animais, que é centralizada), comportam-se como colônias. Quando quiser projetar algo robusto, energeticamente sustentável e adaptável a um ambiente em contínua modificação, não há nada melhor na Terra para se inspirar.

Por que as plantas?

Talvez vocês estejam se perguntando: "Sério, robôs inspirados em vegetais? Como eles poderiam ser úteis para nós?". Bem, vamos recapitular. As plantas são organismos multicelulares eucarióticos e fotossintetizantes, caracterizados, embora com algumas exceções, por uma parte aérea e um sistema de raízes; para compensar sua natureza séssil e adaptar-se às condições ambientais mutáveis sem poder se deslocar, elas desenvolveram a capacidade de se mover pelo crescimento, dando uma demonstração de extraordinária plasticidade.

As respostas ao ambiente que se manifestam com um movimento são comumente conhecidas como *tropismos*. Caracterizam-se por um acentuado crescimento direcional dos órgãos, principalmente da raiz, em resposta a estímulos externos; entre os principais deles estão a luz (fototropismo), a gravidade (geotropismo), o contato com uma estrutura sólida (tigmotropismo), o gradiente de umidade (hidrotropismo), o oxigênio (oxitropismo) e o campo elétrico (eletrotropismo). A esses, recentemente, e graças aos estudos realizados em meu laboratório, também foi acrescentado o chamado *fonotropismo*, ou seja, o crescimento regulado por uma fonte sonora. A combinação desses mecanismos permite que a planta sobreviva em ambientes hostis e colonize o solo por meio da criação de um sistema de raízes que garanta sua sobrevivência e estabilidade (e que muitas vezes está bem acima da massa em comprimento e altura, alcançando dimensões dificilmente imagináveis).

Para aumentar de forma ilimitada a superfície absorvente das raízes, a natureza recorreu a um truque semelhante àquele atribuído na lenda poética a Dido, a mítica fundadora de Cartago. Diz-se que o governante africano Jarbas havia concedido à rainha e seu povo, exilado de Tiro, toda a terra que conseguissem cercar com a pele de um único boi. Tratava-se obviamente de um embuste. No entanto, a futura rainha de Cartago foi capaz de resolver a situação a seu favor. Ela cortou a pele em tiras muito finas, amarrou-as umas às outras formando um semicírculo em torno de um morro, dando lugar à nova cidade. De forma análoga, uma única planta de trigo pode atingir um desenvolvimento linear de mais de vinte quilômetros, considerando o comprimento total dos filamentos das raízes. Medindo o volume desses mesmos filamentos, veremos que eles cabem em um cubo de um centímetro e meio de lado.

Outra característica fundamental dos ápices das raízes é a capacidade de encontrar um meio de crescimento mesmo em materiais muito resistentes. Apesar da aparência frágil e da estrutura delicada, elas são capazes de exercer pressão extraordinária e de romper até mesmo a rocha mais sólida, graças à divisão e à expansão celular. De fato, para as raízes crescerem, o tamanho dos poros ou das fissuras no solo deve ser maior que as dimensões da ponta da raiz. Assim, a água dentro das células é capaz de gerar a turgidez que lhe dá a força necessária para se alongar e crescer. O potencial osmótico de uma raiz cria um gradiente de potencial que suporta a entrada de água no interior das células, e estas, inchando, empurram sua membrana celular contra a parede rígida. Dessa maneira, a pressão exercida pode variar, dependendo da espécie, entre um e três megapascais e explica por que as raízes são capazes de quebrar materiais resistentes como asfalto, cimento e até granito.

Individualidade nas plantas

Outra característica pouco conhecida dos vegetais, na qual a robótica poderia se inspirar, é a construção modular reiterada. O corpo de uma árvore é composto de unidades replicadas que, juntas, constituem sua arquitetura geral e definem sua fisiologia. Portanto, algo bem diferente do que acontece no reino animal. Por incrível que pareça, até mesmo a definição de "indivíduo" que usamos para animais tem pouca pertinência no mundo das plantas. Explico melhor. Existem pelo menos duas definições diferentes de indivíduo:

1 etimológica: o indivíduo é uma entidade biológica que não pode ser dividida em duas partes sem que ao menos uma delas morra;

2 genética: o indivíduo é uma entidade biológica que possui um genoma estável no espaço e no tempo. No espaço, porque é o mesmo em qualquer célula do organismo; no tempo, porque se prolonga durante toda a vida.

É fácil mostrar como essas definições fazem pouco sentido se aplicadas a quase todas as plantas. Vamos começar com a questão etimológica: uma planta, se dividida em duas, multiplica-se. No final do século XIX, o naturalista francês Jean-Henri Fabre [1823–1915] escreveu que "em relação aos animais, na grande maioria dos casos, dividir significa destruir; para os vegetais, dividir é multiplicar". Uma noção clara não só para os estudiosos das plantas, mas também para os simples entusiastas: a produção de viveiros, baseada na propagação por estacas ou enxertia, explora justamente essa prerrogativa.

Mas até mesmo a estabilidade genética parece uma qualidade pouco importante ao reino vegetal. Em um animal, qualquer que seja seu tamanho, o genoma é estável em todas as células ao longo de toda a vida útil. Nas plantas, essa regra não parece se aplicar, como qualquer pessoa que tenha estudado as chamadas *mutações geomáticas* de árvores frutíferas bem sabe. Na história do cultivo de árvores frutíferas, na verdade, muitas vezes ocorreu que, em uma árvore, tenham sido identificados ramos "mutantes", cujos frutos eram de interesse especial. Os exemplos não faltam, dado que inúmeras variedades se originaram dessa maneira: as nectarinas quase certamente provêm de uma mutação geomática de pêssego; a uva *Pinot gris* é uma mutação da *Pinot noir*...

Outro exemplo fascinante de genomas diferentes que coexistem na mesma planta são as chamadas *quimeras*, isto é, indivíduos que – como os monstros da mitologia grega – são constituídos por diferentes características específicas, derivadas das partes de um enxerto que se desenvolvem em conjunto. As inúmeras "esquisitices" comuns em muitas espécies de frutas, como a laranja ou a videira, são um exemplo notável dessa peculiaridade da vida vegetal. E, entre as muitas quimeras, pelo menos a famosa *Citrus x aurantium bizzarria* merece menção. Trata-se de uma variedade muito rara de cítricos com a particularidade de produzir frutos que, juntos, apresentam, irregularmente distribuídos, os aspectos de laranja-amarga e da cidra. Essa planta, por muito tempo o orgulho das coleções Médici e descrita pela primeira vez em 1674 pelo então diretor do Jardim Botânico de Pisa, Pietro Nati [1624–1715], foi considerada extinta há muito tempo e só foi reencontrada nos anos 1970. No entanto, à parte os exemplos curiosos, em todas as árvores de certa idade é fácil encontrar diferenças genéticas semelhantes.

Portanto, parece difícil definir uma planta como "um indivíduo". Tanto que já no final do século XVIII começou a circular a ideia de que as plantas – e em particular as árvores – poderiam ser consideradas verdadeiras colônias, compostas de unidades arquitetônicas reiteradas. Em 1790, Johann Wolfgang von Goethe [1749–1832], um botânico brilhante e também um grande erudito, escreveu: "Os ramos laterais que se originam dos nós de uma planta podem ser considerados plantas jovens solteiras que se prendem ao corpo da mãe, da mesma forma que esta se fixa ao solo". Erasmus Darwin [1731–1802], avô do mais famoso naturalista inglês, Charles Darwin [1809–1882], adotando a ideia de Goethe, afirmou em 1800: "Cada gema de uma árvore é uma planta individual; uma árvore é, portanto, uma família de plantas únicas". Em 1839, seu neto Charles acrescentou:

> Parece surpreendente que indivíduos diferentes possam estar unidos entre si; no entanto, as árvores são uma confirmação disso; na verdade, suas gemas devem ser consideradas plantas individuais. Podemos considerar os pólipos em um coral, ou os brotos de uma árvore, exemplos em que a separação entre os indivíduos não é completa.

Finalmente, em 1855, o botânico alemão Alexander Braun [1805–1877] observou: "A visão das plantas, e especialmente das árvores, nos leva a pensar que não se trata de um ser único e individual, como um animal ou um humano, mas, sim, de um grupo de indivíduos reunidos".

Como se pode ver, portanto, o conceito de "colônia de plantas" tem ilustres apoiadores já há algum tempo; além disso, subjaz a ideia – muito interessante para qualquer aplicação de robótica – de maior longevidade: a colônia sobrevive a seus componentes; o pólipo único vive apenas alguns meses, enquanto o coral que o abriga é potencialmente imortal. A árvore mostra algo semelhante: a unidade arquitetônica básica tem vida curta, enquanto a colônia (a árvore) poderia virtualmente viver para sempre.

A isso podemos acrescentar que o conceito de unidades reiteradas é válido não apenas para a parte aérea da planta, mas também para o sistema de raízes. De fato, cada raiz única tem seu próprio centro de comando autônomo que atua orientando sua direção, mas que, como em uma verdadeira colônia, coopera com os outros ápices das raízes para resolver problemas relativos à vida da planta em geral. E ter desenvolvido uma inteligência distribuída – que é um sistema simples e funcional que lhes permite encontrar respostas eficazes para os desafios do ambiente em que vivem – atesta como as plantas são evoluídas.

Plantoide: um exemplo de bioinspiração vegetal

Como vimos, as razões para se inspirar nas plantas na fabricação de robôs são muitas e importantes. Convencido disso, em 2003 comecei a desenvolver a ideia dos *plantoides*. Fiquei fascinado pelas possibilidades oferecidas pelas plantas na criação de novos robôs, e a palavra "plantoide" me pareceu a mais apropriada, devido à associação com o androide, para representar essa nova tipologia de autômatos. As máquinas que fantasiei poderiam ser úteis de infinitas maneiras: desde a exploração do solo até a do espaço. Obviamente, meu conhecimento de robótica era e continua sendo muito limitado. Estava claro que eu nunca teria a chance de transformar minha visão em algo tangível. Na verdade, temi que, como muitas vezes acontece no campo acadêmico, essa ideia não se concretizasse, ficasse guardada em uma gaveta.

Felizmente não foi o que aconteceu. Naqueles dias em que eu refletia desenfreadamente sobre a possibilidade de construir plantoides com todo desavisado que parasse para conversar comigo (descobri que, muitas vezes, se algo me interessa, tendo a ficar monomaníaco, algo familiar para quem me conhece), conheci a pessoa perfeita com quem transformar em realidade o que até então tinha permanecido na fantasia, embora convincente, um tema de discussão teórica. Barbara Mazzolai, que hoje dirige o Centro de Microbiorrobótica do Istituto Italiano di Tecnologia (ITT), com sede em Pisa, em 2003, quando a conheci, já era uma excelente pesquisadora em robótica. Graças à sua formação universitária, ela também foi muito bem preparada no campo da biologia. Conversar com ela sobre autômatos e plantas tornou-se um hábito que se desenvolveu de forma natural. A ideia do plantoide nos entusiasmava. Quanto mais discutíamos as possibilidades de construí-lo juntos, mais nos convencíamos de que era viável. Havia muitos problemas técnicos a enfrentar, é claro, mas eles poderiam ser resolvidos. O plantoide, ambos tínhamos certeza, tinha que vir à luz.

Construir um robô do nada – sobretudo com essa concepção totalmente nova –, que funcione e não seja apenas um brinquedo mecânico, é algo que requer tempo, trabalho e dinheiro.

Como todos os pesquisadores entusiastas, estávamos prontos para investir tempo e trabalho, mas nosso dinheiro, mesmo se quiséssemos, não teria servido para grande coisa (informem-se sobre o salário de um pesquisador italiano, tenho muita vergonha de revelar). Não foi fácil encontrar uma instituição disposta a embarcar nesse empreendimento, arcando também com os custos. Levou muito tempo. A princípio, a validade das bases teóricas e da solidez do sistema, que para mim e para Barbara pareciam cristalinas e sem pontos frágeis, deixou nossos interlocutores completamente frios (ou pelo menos mornos). Infelizmente, como muitas vezes pude constatar, não é fácil convencer quem sempre olhou para as plantas como organismos no limite do inorgânico, no máximo boas para decorar jardins, de que elas têm capacidades extraordinárias. E foi ainda mais difícil convencer nossos financiadores de que, imitando plantas, poderíamos criar uma nova geração de robôs. Para mim, o fascínio desse desafio e dessa abordagem era óbvio, e espero que também seja para vocês, bons leitores, mas certamente não era para mastins, cães de guarda do dinheiro! Eles não viam nenhum fascínio ou aplicação concreta na pesquisa. Confrontar o que eles chamam de "prudência", e que eu chamo de "falta de imaginação", é quase sempre uma batalha perdida.

Mas não se pode desesperar quando se vai à procura de financiamento para realizar um projeto visionário. Se você realmente acredita no que propõe, no final alguém será contagiado por seu entusiasmo. Foi o que aconteceu com Ariadna, uma iniciativa da equipe de conceitos avançados da European Space Agency (ESA), a agência espacial europeia. Nossos argumentos sobre a possibilidade de adotar as plantas como fonte de inspiração para fabricar robôs a serem utilizados na exploração espacial os convenceram; assim, sem demora, eles financiaram o que é chamado de *estudo de viabilidade*. O investimento foi limitado e não nos permitiu produzir nada, mas nos ajudou muito a aprimorar as ideias e a prever os problemas que poderiam surgir na fabricação do plantoide. No final, compilamos para a ESA um bom documento (que ainda pode ser encontrado on-line) com um título promissor: "Bio-inspiration from Plant's Roots" [Bioinspiração a partir das raízes das plantas]; ele mostra com grande detalhamento os planos para construir o plantoide e seus possíveis usos para a exploração do espaço (de Marte, em particular).

Nossa tese básica era simples: como as plantas são os organismos pioneiros por excelência, estudando seus sistemas de sobrevivência e replicando-os no plantoide, poderíamos criar uma máquina com maiores chances de resistir em ambientes hostis. E nada é mais hostil do que um ambiente extraterrestre como Marte. O projeto previa o transporte de um grande número de plantoides até a atmosfera marciana, onde seriam soltos. Com pouco mais de dez centímetros de tamanho, esses plantoides seriam espalhados pelo planeta vermelho, abrindo instantaneamente e enxertando suas raízes no solo. Por meio destas, eles explorariam o subsolo, enquanto uma série de estruturas na superfície, semelhantes a folhas, alimentaria os robôs indefinidamente, graças às células fotovoltaicas. Nosso projeto representava uma reversão completa do ponto de vista a partir do qual havia sido pensada a exploração marciana! Em vez de continuar enviando enormes robôs caros até lá, que se movem lentamente e exploram apenas pequenas áreas, mandaríamos milhares de plantoides; distribuindo-se na atmosfera como sementes, eles se espalhariam por áreas mais extensas e, sem se moverem, comunicando-se entre si e com a Terra, transmitiriam dados da composição do solo, tão numerosos e precisos que nos permitiriam realizar séries de mapas continentais.

Uma vez concluído o estudo para a ESA, o projeto encalhou novamente, e durante anos ninguém se demonstrou disposto a financiá-lo. Até que, em 2011, Barbara e eu tentamos obter uma contribuição da União Europeia por meio de uma iniciativa que premiava ideias mais "visionárias", caracterizadas pelo alto risco de fracasso, mas também alto índice de inovação. O programa FET (Future & Emerging Technologies [Tecnologias futuras e emergentes]) foi, e ainda é, a arena mais importante de disputa entre os projetos mais revolucionários da tecnologia europeia para obter financiamento adequado. Nossa proposta, intitulada "Plantoid: Innovative Robotic Artefacts Inspired by Plant Roots for Soil Monitoring" [Plantoide: Artefatos robóticos inovadores, inspirados em raízes de plantas, para o monitoramento de solo], obteve uma avaliação impressionante, 15/15! A nota máxima. E recebeu, portanto, um financiamento adequado, que nos permitiria finalmente construir o primeiro plantoide.

Os três anos seguintes foram dedicados a resolver milhares de problemas impostos pelo projeto e à fabricação dos muitos módulos que compunham um plantoide e, finalmente, à realização final. Um dos maiores desafios para o laboratório de Barbara foi o de como imitar o crescimento da raiz. Não era uma questão menos importante. Ter mecanismos de auto-crescimento continua sendo um dos objetivos mais difíceis de alcançar na robótica hoje.

Nas plantas, os processos de crescimento e movimento das raízes são essencialmente implementados por dois mecanismos: a divisão celular no ápice meristemático, imediatamente abaixo da ponta da raiz, e a distensão celular de uma área posterior ao ápice, chamada *zona de crescimento*. Ambos os mecanismos foram imitados, na construção das pontas de raízes robóticas, por meio do uso de um tanque de material plástico utilizado para promover o crescimento da raiz robótica. Além disso, com o objetivo de replicar as diferentes capacidades sensoriais da raiz, o ápice robótico foi equipado com: acelerômetro, para reiterar a capacidade de seguir a direção da gravidade; sensor de umidade, para simular a capacidade de perceber gradientes mínimos de água; alguns sensores químicos; atuadores osmóticos (dispositivos especiais capazes de transformar a pressão osmótica em movimento) que garantem a direção e a penetração no solo; microcontrolador, que gerencia as informações provenientes dos diferentes sensores e recria a inteligência distribuída típica dos sistemas de raiz. Uma vez construídas as raízes robóticas do plantoide, faltava apenas cuidar das folhas. O problema menos complexo poderia ser resolvido com células fotovoltaicas que imitariam o processo fotossintético e forneceriam a energia necessária para realizar todas as funções operacionais.

Replicando a estratégia adaptativa da planta, o plantoide se move com muita lentidão, o que lhe permite explorar o ambiente de forma eficiente e mostrar elevada força de atuação e baixo consumo de energia. O ápice do plantoide cresce e se move no solo por meio de uma nova classe de dispositivos osmóticos; ao mesmo tempo, comunica-se com todos os outros robôs, reunindo os dados e, assim, possibilitando usar as estratégias de inteligência distribuída, típicas do mundo vegetal.

Hoje, os plantoides são uma realidade que pode ser usada nas mais diversas circunstâncias: poluição radioativa ou química, ataques terroristas, mapeamento de campos minados, exploração espacial, mineração ou pesquisa de petróleo, saneamentos especiais, novas tecnologias agrícolas. Barbara continua a aprimorá-los e a personalizá-los para aplicações específicas. Portanto, estamos apenas no início de uma jornada muito interessante, mas cresce o número de pessoas convencidas das possibilidades tecnológicas oferecidas pela bioinspiração vegetal. Tenho esperança, aliás, estou convencido: não demorará muito para vermos grupos de plantoides pacíficos, cuidando de jardins e fazendas.

3

A SUBLIME ARTE DA MIMESE

A imitação da beleza da natureza ou se atém a um modelo único ou é dada pelas observações feitas em vários modelos combinados em um único assunto.
JOHANN WINCKELMANN, *Gedanken über die Nachamung der griechischen Werke in der Malerei und Bildhauerkunst* [Reflexões sobre a imitação de obras gregas na pintura e na escultura]

Quanto mais estudo a natureza, mais me impressiona a força sempre crescente, lentamente adquirida pelos dispositivos e pelas belas adaptações por meio da variação ocasional e mínima, porém multiplamente diferenciada, de cada parte do organismo, com a preservação das variações que se mostram benéficas em condições de vida complexas, que se alteram incessantemente, variações essas que transcendem, sem comparação, tudo o que a imaginação mais fértil poderia conceber.
CHARLES DARWIN, *The Various Contrivances by which Orchids Are Fertilised by Insects* [Os vários artifícios por meio dos quais as orquídeas são fertilizadas por insetos]

Um modelo, um mímico, um destinatário

Quando falamos de habilidades miméticas, os exemplos citados são normalmente os já conhecidos pela maioria e pertencentes apenas ao mundo animal: o camaleão, o bicho-pau, o louva-a-deus, certo número de borboletas, lagartas, vários peixes, o linguado, o polvo... No entanto, algumas plantas têm capacidades que podem competir no mesmo nível com a mais acintosa mimese animal, aliás, em muitos casos, até atingir níveis de refinamento desconhecidos por esta.

Existem muitas formas de mimetismo na natureza. O que normalmente entendemos por fenômenos miméticos, no discurso comum, são essencialmente dois: o *fanérico* (do grego *phanerós*, manifesto), no qual um organismo imita outro em comportamento, formas ou cores; e o *críptico* (ou enigmático, do grego *kryptòs*, escondido), em que um organismo se oculta, imitando o ambiente que o rodeia. No entanto, o termo "mimetismo" significa um fenômeno muito mais amplo que pode ter aspectos muito diferentes. Para entender sua natureza e seus mecanismos, no entanto, uma pequena digressão introdutória é necessária. Será útil para prosseguirmos.

Ser capaz de manter a própria organização interna diante do impulso natural para a degradação e a desordem é uma característica que qualquer organismo deve ter, independentemente do seu nível de complexidade. Isso se manifesta na habilidade demonstrada por ser seletivo e fazer as escolhas certas. Por exemplo, escolher algumas moléculas do substrato em que se vive em vez de outras, distinguir amigos de inimigos, expandir ou contrair em função da disponibilidade de recursos. Um organismo é um sistema aberto, no qual a informação flui para o ambiente e vice-versa. Em síntese, cada ser troca com o mundo que o rodeia os elementos que lhe permitem sobreviver. Essa é a razão pela qual a comunicação é uma característica essencial da vida. Sem ela, mesmo os organismos mais simples não teriam a possibilidade de manter o equilíbrio delicado que representa a própria vida.

Portanto, reconhecer objetos, membros da própria espécie, perigos e assim por diante é uma necessidade à qual todo ser vivo deve responder a todo momento. A interação com outros organismos em certos momentos do ciclo de vida é, portanto, uma necessidade inexorável, que se manifesta por meio da emissão ou da recepção de mensagens.

Quando um ser vivo emite um sinal de qualquer tipo (visual, olfativo, auditivo...) para outro a fim de influenciar seu comportamento a seu favor, estamos diante de um fenômeno mimético. Para que haja mimese, portanto, é necessário um *modelo* (ou seja, o organismo emissor que produz a mensagem autêntica), um *mímico* (que, ao reproduzir o sinal do modelo, obtém uma vantagem) e, finalmente, um *destinatário* (aquele que deve reagir à mensagem de uma maneira útil para o *mímico*).

A *Boquila trifoliata*, rainha da mimese, e os ocelos das plantas

Na minha opinião, talvez tendenciosa, mais de um exemplo da sublime arte da mimese atinge no mundo vegetal níveis tão sofisticados de virtuosidade que são inigualáveis aos animais em habilidade e eficiência. Mas entender a que grau de refinamento as capacidades miméticas das plantas podem chegar tem outro aspecto interessante. De fato, o estudo desses fenômenos pode levar à compreensão de capacidades de sentido inimagináveis entre as plantas. É o caso da *Boquila trifoliata*, com sua extraordinária capacidade mimética.

42

A *Boquila* é um verdadeiro Zelig do mundo vegetal; certamente o exemplo mais extraordinário de mimese que pode ser encontrado na natureza. É uma trepadeira que cresce nas florestas temperadas do Chile e da Argentina e se destaca por ser a única espécie do gênero. É uma planta bastante comum, tanto que é conhecida localmente com nomes diferentes (*pilpil, voqui, voquicillo, voquillo, voqui blanco*) e produz frutos comestíveis. A espécie é conhecida há muito tempo e tem sido estudada por centenas de botânicos, especialistas ou simples amadores que a viram crescer e prosperar em seu hábitat original. No entanto, até alguns anos atrás, ninguém havia notado suas incríveis habilidades miméticas.

Em 2013, durante um passeio tranquilo pela floresta do sul do Chile, o botânico Ernesto Gianoli encontrou pela enésima vez em sua carreira a *Boquila trifoliata*. Nada de estranho, a planta já era bem conhecida e descrita, mas desta vez algo chamou sua atenção. Porque, vejam, um botânico na floresta é como um colecionador em um mercado de pulgas. Com os sentidos em alerta, ele procura por algo que tenha escapado a todos os outros. Quando alguém vagueia pela floresta para encontrar novas espécies, os olhos são treinados para observar os detalhes mais escondidos, cada pequena diferença na forma ou na cor, algo novo que diferencie a planta que se está estudando. Talvez alguns detalhes de importância secundária. Assim, olhando mais de perto para um arbusto muito comum naquela região do Chile, Ernesto percebe que as folhas à sua frente são ligeiramente diferentes daquelas que ele esperava encontrar. Aproximando-se, observa que elas não pertencem à planta em questão, mas a uma trepadeira que cresce em torno dela. Com efeito, é uma *Boquila trifoliata*, mas as folhas, em vez de serem como aquelas de que ele se lembrava, são surpreendentemente semelhantes às do arbusto em que subiram.

Curioso, ele olha ao redor, para ver se algum outro tufo de *Boquila* nas proximidades apresenta as mesmas características. E o que ele encontra o deixa sem palavras: em cada arbusto ou árvore sobre a qual ela cresce, a *Boquila trifoliata* imita as folhas da espécie "hospedeira" com grande habilidade. Não só isso, ela parece capaz de reproduzir facilmente as mais diversas folhas. Até onde ele sabe, nenhuma planta faz algo semelhante; até mesmo as orquídeas, consideradas as campeãs da mimese vegetal, são capazes de imitar uma única espécie ou, no máximo, de produzir flores que se assemelhem àquelas de muitas espécies diferentes. A capacidade de imitar modelos diferentes até agora era exclusiva do mundo animal. Perplexo, mas também um pouco incrédulo pelo que viu, com o estudante Fernando Carrasco-Urra, inicia uma longa série de testes e verificações necessárias para dar consistência à descoberta. Não será fácil, de fato, convencer a comunidade científica de que uma planta é capaz de imitar o tamanho, a forma e a cor de espécies completamente diferentes. No final, o resultado se mostraria ainda mais surpreendente do que se poderia imaginar.

A *Boquila* não só é capaz de imitar as muitas espécies nas quais ela trepa. Ela faz muito mais. Crescendo próxima a duas ou até três espécies diferentes, uma única planta é capaz de modificar suas folhas de modo a se confundir, a cada vez, com aquela mais próxima. Em outras palavras, a mesma *Boquila* pode alterar a forma, o tamanho e a cor das folhas *várias vezes*, dependendo de qual espécie está mais próxima. A descoberta de Gianoli e Carrasco-Urra terá consequências fundamentais. Ser capaz de regular as características das folhas com uma flexibilidade semelhante significa modular a expressão de seus genes de uma maneira nunca vista antes.

Como vocês já devem ter entendido, a *Boquila* nos coloca diante de um caso único de mimese. Evidentemente, não sou especialista no assunto, e não é fácil ter uma ideia clara das inúmeras formas em que as habilidades miméticas evoluíram nos organismos vivos; no entanto, acredito poder afirmar com alguma convicção que não há outro exemplo de mimese envolvendo a modificação simultânea de forma, tamanho e cor do próprio corpo. Apenas uma dessas transformações (a mais comum é a cor) é bastante frequente, às vezes duas, mas três e todas juntas são inéditas até para o mundo animal.

Como dissemos no início do capítulo, a capacidade mimética deve, de alguma forma, trazer vantagem para quem imita, nesse caso para a *Boquila*; mas qual benefício pode obter uma planta que modifica suas folhas imitando as do hospedeiro? Uma primeira possibilidade diz respeito à proteção contra insetos nocivos. Se, por exemplo, as folhas que a *Boquila* imita pertencem a uma planta tóxica a insetos herbívoros, e que, portanto, estes aprenderam a evitar, então o imitador, confundindo-se com a planta, aproveita-se dela. Essa forma de mimetismo é chamada de *batesiano*, conceito batizado a partir do nome do naturalista inglês Henry Walter Bates [1825–1892], e mostra o caso em que, por assim dizer, uma ovelha se disfarça de lobo. Os exemplos de mimetismo batesiano no reino vegetal são bastante comuns; alguns dos mais conhecidos dizem respeito à proteção dos animais herbívoros obtida a partir de certas espécies da família *Lamiaceae*, como *Lamium album* [urtiga-branca] e *Stachys sylvatica*, em razão de sua quase perfeita imitação de folhas de *Urtica dioica*.[2] Uma segunda hipótese, mais simples e, portanto – de acordo com o princípio lógico da navalha de Occam –, preferível, é que, ao misturar suas folhas com as de outra planta, a *Boquila trifoliata* diminui estatisticamente a probabilidade de ser

---

2 A urtiga (*Urtica dioica*) tem folhas e caules cobertos com uma substância altamente picante, que usa para fins defensivos.

atacada por insetos herbívoros. De fato, no caso de um ataque, o hospedeiro, com suas folhas mais numerosas, será mais danificado do que a *Boquila*. No momento, ainda não sabemos qual é a teoria correta; no entanto, como sempre acontece, é provável que a resposta certa envolva vários fatores.

Ernesto Gianoli conta ainda que, para a *Boquila*, as características específicas de algumas folhas – por exemplo, a serrilha – eram difíceis de reproduzir; entretanto, ficou evidente que a planta "fez o melhor para imitá-las", gerando folhas com "esboços" de dentes serrilhados nas bordas. Observar o fenômeno, porém, é apenas o começo da história. Se pararmos para pensar nisso por um momento, a questão mais importante levantada pelo comportamento da *Boquila* não é tanto como ela consegue modificar a própria forma com tanta velocidade, mas como faz para saber *o que* precisa imitar. No estudo no qual descrevem pela primeira vez as extraordinárias características miméticas dessa espécie, Ernesto Gianoli e Fernando Carrasco-Urra apresentam duas hipóteses. A primeira é que, graças à percepção das emissões de substâncias voláteis, as plantas da *Boquila* são capazes de identificar o modelo a ser imitado. Mas é uma conjectura altamente improvável, uma vez que ela replica as folhas mais próximas, embora imersas em uma mistura de compostos voláteis produzidos por dezenas de espécies diferentes. A segunda hipótese, que pressupõe uma possível transferência horizontal de genes da planta hospedeira para a *Boquila*, transportados por alguns microrganismos, parece, no entanto, ainda mais improvável. Em resumo, como essa mestra de mimese faz para saber o que imitar permanece um mistério.

Em setembro de 2016, apresentei – com o professor František Baluška, da Universidade de Bonn, meu amigo e colaborador (escrevemos cerca de cinquenta artigos científicos) – uma nova solução para o quebra-cabeça: que a planta tem uma capacidade de "visão". Pode parecer uma hipótese incrível ou mesmo digna de ficção científica, mas, para mim, é a que tem maior chance de ser verdadeira. Explico.

Já em 1905, o famoso botânico Gottlieb Haberlandt [1854–1945] propôs, em um artigo, que na época causou sensação na comunidade científica, que as plantas eram capazes de perceber imagens – portanto, possuíam uma espécie de capacidade visual – graças às células da epiderme. Muitas vezes, na verdade, estas últimas são convexas como lentes e poderiam facilmente focalizar imagens na camada celular subjacente. Segundo Haberlandt, as células epidérmicas das plantas funcionam, portanto, como *ocelos* (espécie de olhos simples e primitivos) presentes em muitos invertebrados. Sua teoria agradou bastante a Francis Darwin [1848–1925], filho de Charles Darwin e também respeitado professor de fisiologia vegetal na Universidade de Cambridge, que tratou bastante do assunto em seu trabalho relacionado às habilidades de percepção de plantas, enfatizando sua fundamentação científica.

Por ocasião do congresso em Dublin em que Francis Darwin disse que as plantas seriam capazes de se lembrar e ter comportamentos (falei sobre isso no livro *Verde Brillante* [Verde brilhante]), Harold Wager [1862–1929], membro da Royal Society, mostrou a um público atônito inúmeras fotografias produzidas usando a epiderme foliar de diferentes espécies. Retratos bastante detalhados de pessoas e paisagens do interior da Inglaterra mostravam, pelo menos do ponto de vista da ótica simples, como a visão era um fenômeno perfeitamente plausível nas plantas. Depois, nada mais. Como acontece na biologia com inúmeras teorias, especialmente sobre as plantas, Haberlandt foi esquecido. Ninguém se deu ao trabalho de prová-la ou negá-la completamente. Provavelmente, a capacidade de visão das plantas era tida como um tema excêntrico demais para ser levado em consideração e não merecia um "desperdício" de tempo e de dinheiro.

47

Assim, a teoria de Haberlandt caiu no esquecimento; nenhum artigo científico a menciona no século passado. Morta e enterrada. Até que, nos últimos cinco anos, uma série de descobertas surpreendentes, que demonstram com argumentos sólidos a capacidade de ver até mesmo em organismos unicelulares, a trouxe de volta à moda, levando-nos a uma nova e profunda reflexão sobre a possibilidade de que a visão das plantas e os ocelos de Haberlandt sejam algo mais do que uma antiga teoria fascinante.

Como eu disse, o argumento mais plausível para explicar o comportamento mimético cambiante da *Boquila* é que as plantas são dotadas de uma forma rudimentar de visão. O que a planta requer, finalmente, é algo com que muitos organismos unicelulares estão equipados. Um estudo recente realizado em um procarioto, a cianobactéria *Synechocystis sp. PCC 6803*, mostrou que ele é capaz de medir a intensidade e a cor da luz por meio de diferentes fotorreceptores e de fazer com que a única célula da qual é composto funcione como uma microlente que mede sua posição em relação a uma fonte de luz. A imagem da fonte de luz entra pela membrana convexa da célula e é projetada sobre sua face oposta, desencadeando movimentos de distanciamento.

Outros organismos unicelulares – mas desta vez eucariontes, portanto em um nível mais alto de complexidade celular, como os dinoflagelados[3] – também possuem oceloides extraordinariamente engenhosos que funcionam graças a estruturas semelhantes a lentes e retina. Finalmente, muitos invertebrados têm oceloides, ocelos e toda uma parafernália de órgãos mais ou menos complexos, mas ainda muito diferentes dos

---

3 Dinoflagelados são algas microscópicas que representam um dos mais importantes grupos fitoplanctônicos. Algumas espécies têm ocelos muito complexos.

olhos humanos; de fato, embora sejamos imediatamente levados a pensar neles quando falamos sobre isso, os sistemas de visão na natureza são muitos e diferentes. Existem, portanto, todas as condições para que as plantas (ou pelo menos algumas delas, como a *Boquila trifoliata*) sejam capazes de exercer uma forma primitiva de visão.

Plantas, pedras e sinais coloridos

Mímicos são encontrados em todo o mundo vegetal; talvez não sejam capazes de performances hiperbólicas como a da *Boquila*, mas são sempre fascinantes. O mimetismo enigmático do *Lithops*, por exemplo, merece ser mencionado. Na verdade, não podemos falar sobre esse fenômeno em plantas sem nos lembrarmos deste caso de destreza mimética. O *Lithops* (do grego *lithos*, pedra, e *opsis*, aspecto) é um gênero da família *Aizoaceae*, que reúne espécies originárias principalmente das áreas desérticas da Namíbia e da África do Sul. Como o nome sugere, são plantas que se assemelham a pedras. E, além das habilidades miméticas, elas são capazes de outra série de extraordinárias adaptações que as fazem sobreviver nos desertos de onde são originárias. As plantas pertencentes ao *Lithops* possuem dimensões muito pequenas e uma estrutura de folhagem limitada a apenas duas folhas, dividida por uma fenda a partir da qual as flores brotam. Suculentas e de coloração variável (do verde ao ferrugem, do creme ao cinza e ao roxo, atravessadas por estrias e manchas), as folhas imitam perfeitamente formas e tons de pequenas pedras. Provavelmente vocês já as viram em algum mercado, onde são encontradas pelo nome de pedras vivas ou similares. Para sobreviver a altas temperaturas e à falta de água, essas plantas desenvolveram um caule reduzido ao mínimo, muitas vezes subterrâneo, de modo que apenas as folhas, e muitas vezes apenas o topo plano, se projetam do chão, imitando pedrinhas em todos os aspectos. As folhas de *Lithops*, então, muitas vezes são *envidraçadas*, isto é, têm áreas transparentes devido à falta de clorofila que permitem que a luz penetre até as partes mais internas e não diretamente iluminadas da planta.

Quanto à vantagem de se fundir com o fundo pedregoso do deserto, é evidente para as plantas que não teriam chance de sobreviver à predação animal se não fossem defendidas por espinhos ou outros elementos desse ambiente, sobretudo em lugares onde a água contida nas folhas suculentas é um bem precioso. Além disso, as combinações e mudanças de cor nas plantas são ferramentas de comunicação eficazes. No entanto, embora a função das cores na chave evolutiva seja um importante campo de estudo da biologia animal, no mundo vegetal esse tópico foi solenemente ignorado, se excluirmos a centralidade das flores nas relações planta-polinizador. Na realidade, enquanto plantas como o *Lithops* usam as formas e cores para se esconder dos predadores, existem outras, muito mais comuns, que as usam para enviar mensagens de sinais opostos, a fim de anunciar sua força ou seu perigo.

Um dos exemplos mais interessantes desse tipo de mimese seria o produzido por muitas espécies de árvores com a espetacular coloração exibida durante o outono. Uso a forma hipotética porque ainda não está claro o quanto essa teoria tem fundamento. Até poucos anos atrás, acreditava-se que a explosão outonal de tons vermelhos, laranja e amarelos que colorem as florestas fosse um efeito colateral trivial da degradação da clorofila, que, ao desaparecer, permitiria que as outras cores sobressaíssem antes de serem mascaradas pelo verde. A suspeita de que o fenômeno representa algo mais complicado surgiu com a descoberta de que algumas espécies investem recursos importantes na produção de moléculas necessárias para colorir as folhas; e isso apenas alguns dias, ou semanas, antes de perdê-las, no outono. Ora, por que investir recursos em algo tão evidentemente inútil e que ainda deve se perder em breve? A teoria formulada por Bill Hamilton, da Universidade de Oxford, em 2000, alguns meses antes de sua morte, explicaria o mistério. De acordo com o estudioso, o esforço de árvores caducas para produzir uma coloração de outono vibrante seria o chamado *sinal honesto*, que é uma advertência acerca da força da planta dirigida aos pulgões – uma mensagem tanto mais confiável quanto mais evidente é o esforço contínuo para emiti-la.

É como aquelas gazelas que, ao ver um leão, pulam no mesmo lugar como uma mola, sem fugir. À primeira vista, até o comportamento delas pareceria inútil, um desperdício de energia; na realidade, o que elas fazem é mandar a seguinte mensagem para o leão: "Veja como sou robusta e forte, seria um desperdício de energia e tempo você tentar me perseguir". Com sua coloração intensa, as árvores transmitiriam para os pulgões, cujo pico migratório ocorre apenas no outono, um sinal de força e vigor, convidando-os a procurar um hospedeiro menos difícil. Não é coincidência, portanto, que cítricos – notoriamente muito suscetíveis a ataques de pulgões – mostrem algumas das cores mais extraordinárias do outono. Outros exemplos característicos desse tipo de sinal são a cauda do pavão ou a ostentação humana de vários símbolos de status, ambos inexplicáveis, exceto em uma perspectiva de transmissão de mensagens de potência. Jared Diamond, estudioso americano de fisiologia e biologia evolutiva, chegou a argumentar que alguns dos comportamentos humanos excessivamente arriscados, como a prática de *bungee jump*, podem ser classificados como sinais dessa natureza.

Recursos humanos, ou melhor, o homem como recurso para plantas

Entre 12 mil e 15 mil anos atrás, na região hoje devastada por guerras e antes conhecida como Crescente Fértil, nasceu a agricultura e, com ela, a civilização. Mas, quando o homem abandonou a atividade de caçador e coletor e se instalou num território, cultivando a terra, ele também começou sua história de coevolução com as plantas. Algumas delas tornaram-se companheiras inseparáveis e lhe proporcionam o alimento de que ele precisa, recebendo em troca segurança e cuidados; mas, acima de tudo, obtendo um *vetor supereficiente* capaz de espalhá-las por todo o planeta. Um excelente negócio para ambas as partes, que funcionou e continua a funcionar perfeitamente milhares de anos após o contrato original ter sido assinado. Um negócio tão vantajoso que hoje apenas três espécies de plantas – trigo, milho e arroz – fornecem cerca de 60% das calorias consumidas pela humanidade e, em troca, colonizaram enormes áreas em todos os continentes, superando qualquer concorrente vegetal em termos de disseminação na Terra. A relação entre os humanos e esses cereais é tão próxima que pode ser considerada uma verdadeira simbiose. Imaginem que 69% do carbono do qual, em média, um cidadão americano é composto provêm de uma única fonte: o milho.

Mas, se para essas três plantas que monopolizam a alimentação pode ser um bom negócio, tenho dificuldade em acreditar que submeter a própria sobrevivência a apenas três ou quatro tipos seja uma vantagem para a humanidade. Trata-se de uma seleção de "fornecedores" nos quais confiar a quase totalidade da oferta do nosso consumo calórico exígua demais. Não só isso, sabe-se também que está em diminuição constante. No passado, de fato, o homem recorria a uma quantidade muito maior de espécies. No século XVIII, embora houvesse muito menos hortaliças disponíveis na Europa do que na atualidade (todas as variedades exóticas e de origem colonial ainda não estavam disponíveis), o número de espécies comumente consumidas era o triplo do de hoje. Isso sem mencionar os tempos mais antigos, antes do advento da agricultura, quando o homem literalmente consumia centenas de espécies vegetais diferentes. Em suma, nos últimos 10 mil anos, e com uma aceleração dramática no século passado, fomos associando cada vez mais nossa vida a uma quantidade reduzida de plantas. Uma ideia nada brilhante. Quanto menor o sortimento de espécies das quais dependemos, maior o risco de que algo possa dar errado. Uma doença que atacasse o trigo ou o arroz, por exemplo, seria catastrófica para a humanidade. Isso já aconteceu. E, como qualquer poupador sabe, diversificar o investimento é sempre uma boa estratégia.

De qualquer forma, um negócio tão lucrativo para as plantas tinha que inevitavelmente atrair imitadores, golpistas ou apenas outros atores preocupados em pegar uma parte do lucro. Na verdade, foi exatamente isso que aconteceu; com truques e enganos, muitas espécies tentam se passar por plantas cultivadas a fim de obter os mesmos benefícios. O embuste de muitas delas é um fenômeno de mimese: transformar seus próprios caracteres distintivos para enganar a atenção humana.

Desde o início da agricultura, a humanidade selecionou plantas que, por um motivo ou outro, consideraram as melhores: tamanho do fruto ou da semente, forma, cor, resistência a doenças, tamanho... Mas, todas as vezes que o homem decidiu quais características selecionar para suas colheitas, as chamadas ervas daninhas aprenderam a responder a essas mesmas preferências. Um dos casos mais conhecidos em que uma espécie conseguiu se camuflar com outra, de modo a receber as vantagens implícitas no cultivo, é o da *Vicia sativa* (ervilhaca) contra a *Lens culinaris* (lentilha). Esta última é uma das espécies mais antigas cultivadas pelo homem; seu consumo já era documentado há 15 mil anos e desde então tem sido um dos cultivos mais comuns na região do Mediterrâneo, como atesta até o episódio de Esaú em Gênesis (25, 29–34; quando, por um prato de lentilhas, o jovem caçador Esaú barganhou seu direito como primogênito com seu irmão Jacó).

A *Vicia sativa* compartilha com a lentilha as mesmas necessidades de solo e de clima. Isso tornava inevitável que também fossem encontradas mudas de ervilhaca nos campos de lentilha, o que não seria um problema. Sua semente redonda, muito diferente das de *Lens culinaris*, poderia ser facilmente removida. Não havia possibilidade de erro. A ervilhaca, obviamente, não gostava de ser descartada dessa maneira. Assim, geração após geração, as primeiras mudanças apareceram em suas sementes, o que a tornaria cada vez mais semelhante à lentilha; até que forma, tamanho e cor dessas estruturas, de tão parecidas, já não eram mais facilmente distinguíveis. Negócio fechado: desde que ela se parecesse com a lentilha, o homem a selecionaria com aquela e a traria consigo posteriormente em todo cultivo. Um dispositivo muito lucrativo para a ervilhaca, que poderia, portanto, ser associada à lentilha e se valer dos benefícios associados ao ciclo de produção.

Esse tipo particular de mimetismo, exclusivo do mundo das plantas, é chamado de mimetismo *vaviloviano*, em homenagem ao grande geneticista e agrônomo russo Nikolai Ivanovich Vavilov [1887–1943], pioneiro nesse estudo, apontando as consequências potenciais que poderiam derivar do fenômeno. Já escrevi sobre Vavilov em *Uomini che amano le piante* [Homens que amam as plantas], mas vale a pena lembrar aqui desse cientista. Autor de um texto pioneiro sobre a origem e a geografia das plantas cultivadas ("Genetics and Agronomy", 1912), Vavilov não só descobriu os centros de difusão de espécies cultivadas, mas foi quem propôs a necessidade de manter suas sementes em depósitos seguros. Após o primeiro banco de sementes, ainda em funcionamento em São Petersburgo, a ideia de Vavilov encontrou sua realização mais importante no Global Seed Vault [Silo de sementes global] das ilhas Svalbard, uma estrutura cujo objetivo é fornecer uma rede de segurança e de conservação contra a perda acidental do patrimônio genético tradicional das espécies mais importantes, como arroz, milho, trigo, batata, maçã, mandioca, inhame e coco, garantindo a diversidade genética. Nos últimos meses, quando a Síria solicitou certo número de sementes do Global Seed Vault para reiniciar as práticas agrícolas em regiões devastadas pela guerra, tivemos evidências muito concretas de que a intuição de Vavilov sobre a necessidade de preservar da destruição sementes de espécies vegetais, pelo menos uma pequena parte delas, era correta e relevante. Porém, Vavilov foi, sobretudo, o primeiro defensor ardoroso do fato de que, com a genética, as plantas cultivadas poderiam ser melhoradas até ser possível produzi-las mesmo em condições climáticas extremas, como as de algumas regiões da Rússia.

Esse gigante das ciências agrícolas e da genética, condenado a morrer de fome na prisão por ordem de Stálin, foi completamente esquecido. Mas ainda mais inconcebível é que seu inimigo, a figura insignificante e horrível de Trofim Denisovich Lysenko [1898–1976], considerado cientista e defensor da ideia maluca de que a genética não tinha base científica e era apenas uma teoria "burguesa", seja muito mais famoso que Vavilov, mesmo entre especialistas. Essa, no entanto, é outra história...

Enfim, Vavilov entendia, e muito, de plantas cultivadas e atividades correlatas. Foi o primeiro a apontar que a seleção humana de caracteres específicos poderia induzir fenômenos miméticos em outras plantas, com consequências imprevisíveis e nem sempre negativas, como se poderia pensar. De fato, muitas espécies cultivadas hoje nasceram graças a essa capacidade mimética.

Tomemos o caso do centeio (*Secale cereale*), uma espécie típica das zonas temperadas, cultivada há pelo menos 3 mil anos. Esse cereal era originalmente uma erva daninha de trigo e de cevada, com os quais compartilhava algumas características fundamentais relativas à semente. Para entender como uma praga pode se tornar uma variedade cultivada, devemos nos colocar um momento no lugar dos primeiros agricultores. Imaginem nossos ancestrais – que lentamente abandonavam uma vida baseada na caça e na coleta – com a intenção de procurar plantas para domesticar. Quais delas eles considerariam desejáveis? Quais características estariam procurando? Certamente teriam optado por espécies com sementes muito grandes, melhor ainda se fossem numerosas e viessem dentro de algo que pudesse ser facilmente colhido, como as espigas de milho. E certamente não teriam gostado daquelas que espalhassem as sementes espontaneamente: muito difícil recolhê-las do solo! A transformação do homem caçador em agricultor foi longa e árdua, repleta de erros e de arrependimentos. Temos certeza de que algumas plantas, como trigo ou cevada, com suas sementes grandes e espigas para contê-las, perfeitamente adequadas às necessidades dos primeiros agricultores, foram as primeiras a serem escolhidas para a domesticação; com esses gloriosos cereais, no entanto, os homens, sem saber, selecionaram suas ervas mais temíveis.

Aqui começa a história do centeio, no papel nada invejável de erva daninha. Seus ancestrais eram um caso clássico de mimetismo vaviloviano. Como eram muito semelhantes ao trigo e à cevada, para eliminá-los, as antigas populações do Crescente Fértil deveriam selecionar cuidadosamente suas sementes em busca de intrusos, o que não era uma tarefa fácil. Assim, o centeio tornou-se uma das principais ervas daninhas.

E, quando o cultivo de trigo e de cevada se expandiu para regiões mais distantes a norte, leste e oeste da área original, o centeio se juntou à jornada (o homem é um vetor supereficiente, não se esqueçam disso), ampliando sua área de distribuição. Tendo chegado a regiões com invernos mais rigorosos ou com solo mais pobre, o centeio mostrou suas qualidades rústicas, com uma produção maior e melhor do que a do trigo e da cevada aos quais se juntara, e em pouco tempo os suplantou. O centeio se tornou efetivamente um cultivo doméstico.

Nem todas as histórias de mimetismo vaviloviano têm um final feliz como a do *Secale cereale*. Muitas espécies são capazes de desenvolver resistência em resposta à administração de quantidades cada vez maiores de herbicidas na agricultura. Nas últimas décadas, a aplicação de herbicidas tem crescido exponencialmente. E, além de um aumento que poderíamos chamar de "fisiológico", algumas dessas substâncias, como o glifosato, tiveram um aumento até mesmo patológico, em parte devido à introdução de plantas geneticamente modificadas no cultivo para resistir à sua ação. São espécimes sobre as quais, por exemplo, o glifosato não tem efeito algum e que, portanto, permitem aos agricultores usá-lo indiscriminadamente. Afinal, se a cultura principal estiver protegida e não sofrer nenhum dano, o que os impediria de intervir administrando quantidades cada vez maiores de herbicida a ponto de eliminar cada uma das "ervas daninhas" irritantes? Como prova disso, os dados sobre o uso dessa substância são preocupantes: em 1974, somente nos Estados Unidos foram consumidos na agricultura 360 mil quilos de glifosato; em 2014, chegou a 113,4 milhões de quilos. Em quarenta anos, portanto, o uso desse herbicida aumentou mais de trezentas vezes!

Essa enorme pressão química sobre as ervas daninhas tem favorecido a evolução dos casos de resistência mesmo nas espécies normalmente associadas à cultura principal, ou seja, as plantas daninhas miméticas que já mencionei. Assim, hoje, nos Estados Unidos, há populações de *Amaranthus palmeri*[4] – outro cereal comestível, mas impopular para os agricultores porque se trata de uma praga – perfeitamente resistente ao glifosato. A propagação dessas mudas que prosperam nos campos de milho ou soja tornou-se um problema sério e é combatida com doses mais altas de glifosato e uma mistura de outros agrotóxicos.

Assim, as infestações resistentes estão aumentando em todos os lugares. Isso não me incomoda. Sempre amei ervas daninhas; sua capacidade de sobreviver onde não são dese-jadas sempre me fascinou, assim como sua inteligência e adaptabilidade. Em todo caso, no entanto, tal expansão não deve ser combatida com a administração de herbicidas – des-truindo assim toda a esperança de salvar nossos ecossistemas agrícolas –, mas com outras técnicas mais ecológicas. Sempre que possível, deveríamos aprender a viver com elas. Para mim, repito, elas são simpáticas, tanto quando se tornam úteis como o centeio como quando não se importam com o homem como todas as demais. Também seria bom lembrar que os danos causados ao meio ambiente enquanto tentamos detê-las são muito maiores do que os benefícios que podemos eventual-mente obter nas colheitas. Supondo que essas colheitas conti-nuem existindo...

---

4   O amaranto é uma planta nativa da América Central. Suas sementes são comestíveis e similares às dos cereais (pseudocereais).

4

MOVER-SE SEM MÚSCULOS

A consciência só é possível por meio da mudança,
a mudança só é possível com o movimento.
ALDOUS HUXLEY, *The Art of Seeing*

Eu me movo, logo existo.
HARUKI MURAKAMI, *1Q84*

E elas ainda se movem!

Em 1896, falar de *time lapse, stop motion* ou sequência de fotos –
chamem como quiserem a fantástica técnica fotográfica-
-cinematográfica que permite visualizar em poucos segundos
ou minutos de filme eventos que, em tempo real, levam horas ou
dias (ou mesmo meses ou anos) para serem concluídos – parecia
pura ficção científica. Aliás, apenas alguns meses haviam se
passado desde a primeira sessão de cinema organizada pelos
irmãos Auguste e Louis Lumière, em 28 de dezembro de 1895,
no número 14 do Boulevard des Capucines em Paris, diante de
33 espectadores (inclusive dois jornalistas) que foram descobrir
as possibilidades dessa nova forma de entretenimento.

Entretanto, foi justamente em 1896, poucos meses após a invenção oficial do cinema, que o botânico Wilhelm Friedrich Philipp Pfeffer [1845–1920], já no auge de sua maturidade científica, fez pela primeira vez um filme com *time lapse*. Para o desenvolvimento dessa técnica, Pfeffer havia trabalhado durante muitos anos, desde quando, ao empreender seus estudos em botânica, tivera o privilégio de assistir ao primeiro vídeo experimental da história: o famoso galope do cavalo de corrida Sallie Gardner, feito por Eadweard Muybridge em 1878. Desde então, evidenciar os movimentos das plantas e acelerá-los para que todos pudessem desfrutar de sua beleza e significado, mas, acima de tudo, para que pudessem estudá-los como o resultado do comportamento da planta, tornou-se para Pfeffer uma verdadeira vocação. Tal vocação estava associada aos interesses despertados no período em que, na condição de jovem assistente do grande Julius von Sachs [1832–1897] na Universidade de Würzburg, na Alemanha, ele participara dos estudos sobre os movimentos gravitrópicos (ou seja, implementados em resposta à gravidade) da raiz.

Esses estudos, motivo de controvérsia e de longas discussões científicas entre seu mestre e Charles Darwin, haviam direcionado sua carreira. De fato, desde que suas experiências haviam dado razão a Darwin, e não a Sachs, as perspectivas de continuar sua pesquisa na Alemanha tornaram-se duvidosas. Mesmo naqueles tempos, de fato, contradizer o poderoso professor certamente não facilitava a carreira universitária. Assim, buscando reabilitar sua reputação como pesquisador posta em xeque pela difamação por parte de Sachs, Pfeffer apostou no potencial da cinematografia como ferramenta de estudo do movimento das plantas.

Durante séculos, biólogos e botânicos evitaram propositadamente enfrentar a necessidade de conceituar essa forma de comportamento vegetal, tentando com todos os meios salvaguardar a validade das categorias honradas de "animais" e "plantas" e definindo como "anomalias" ou "variações aberrantes" as plantas que manifestavam movimentos rápidos. Chegaram mesmo a chamá-los de *zoósporos*, justamente para enfatizar sua proximidade com o mundo animal. Não é por acaso que a surpresa e a diversão que ainda hoje experimenta quem se defronta pela primeira vez com os movimentos rápidos de uma planta como a *Mimosa pudica* são provas da profunda convicção de que a imobilidade é a característica distintiva fundamental do vegetal em relação ao animal.

A tentativa de Pfeffer de evidenciar a todos a habilidade motora das plantas foi a primeira a ter sucesso na história da ciência. Poucos meses após a primeira exibição dos irmãos Lumière, Pfeffer, na verdade, foi capaz de apresentar a um público estupefato de botânicos as aplicações sensacionais dessa nova técnica. Pela primeira vez na história, era possível ver plantas em ação, estudar seus movimentos e, portanto, seus comportamentos. Diante da expressão atônita dos colegas, o botânico alemão mostrava em sequência o florescimento de uma tulipa, os movimentos diurnos e a *nictinastia* – ou o sono das plantas – da *Mimosa pudica* (ainda ela), o movimento contínuo dos *Desmodium gyrans*[5] (planta-telégrafo ou planta dançante) e, finalmente, a pérola da coleção, a coisa mais difícil de se mostrar: o crescimento e o movimento exploratório da raiz no solo, tão semelhante ao movimento subterrâneo de uma formiga ou uma minhoca.

---

5 *Desmodium gyrans* (ou *Codariocalyx motorius*) é uma planta leguminosa amplamente difundida em áreas tropicais da Ásia. A característica especial da planta-telégrafo é mover as folhinhas laterais a uma velocidade alta o suficiente para ser percebida a olho nu. A função desse movimento ainda é desconhecida.

Graças a Pfeffer, o sonho de gerações de cientistas – já no século IV a.C., Andróstenes, um oficial de Alexandre, o Grande, havia observado que as folhas podem se mover entre o dia e a noite – finalmente se tornara realidade. Com a invenção do *time lapse*, Pfeffer deu aos botânicos uma ferramenta para tornar visível o que não era conhecido até aquele momento. Assim como o telescópio de Hans Lippershey (não, não foi Galileu quem o inventou) tornara acessível o estudo do Universo infinitamente distante e o microscópio de Zacharias Janssen tornara possível a observação do que é infinitamente pequeno, com essa nova técnica, Wilhelm Pfeffer tornou possível estudar o infinitamente lento.

O acesso a essa nova dimensão da realidade não permaneceu sem consequências. As plantas – que representam quase toda a vida na Terra –, até então percebidas mais como objetos do que como seres vivos, começaram a revelar seus mistérios e a variedade desconcertante de seus movimentos. Foi uma verdadeira revolução, que afetou a percepção das pessoas comuns; aqueles que até então tinham olhado para uma roseira ou uma tília como algo esteticamente agradável, mas quase inanimado, começaram a mostrar novo interesse e respeito pela botânica. Não é coincidência que, entre o final do século XIX e a Primeira Guerra Mundial, houve uma multiplicidade de estudos sobre tropismos (movimentos dependentes da direção de um estímulo), nastia (movimentos independentes de estímulos externos), os movimentos e o comportamento das plantas e, finalmente, sobre suas habilidades cognitivas; estudos que culminaram com o relatório de abertura lido em 2 de setembro de 1908 por sir Francis Darwin no congresso anual da British Association for the Advancement of Science [Associação Britânica para o Avanço da Ciência], durante o qual o primeiro professor de fisiologia vegetal declarou em termos inequívocos que as plantas eram organismos inteligentes, não diferentes dos animais.

É graças à engenhosidade de Pfeffer que hoje podemos discutir com conhecimento de causa os vários tipos de movimento das plantas, distingui-los entre ativos e passivos e compreender os mecanismos pelos quais ocorrem, mesmo na ausência de músculos. Um tema de importância crucial, que poderia ter consequências significativas para o futuro de nossas tecnologias, especialmente no que diz respeito à produção de novos materiais.

Pinhas e feixes de aveia

As plantas possuem movimentos ativos, que exigem consumo de energia interna, e passivos, que, ao contrário, usam apenas a energia presente no ambiente. Por exemplo, vários organismos vegetais exploram a diferença de umidade entre o dia e a noite para realizar ações elaboradas. Em geral, um aspecto importante comum a todos os movimentos da planta é que, como mencionado, eles não são baseados no funcionamento de estruturas proteicas complexas, como os músculos, mas são principalmente "hidráulicos", baseados essencialmente no simples transporte de água, tanto na forma líquida quanto na forma de vapor, entrando e saindo dos tecidos.

Nos chamados *movimentos ativos*, a geração de movimento é consequência direta de mudanças na turgidez das células, por sua vez causadas pelo fluxo osmótico da água através das membranas celulares. Na prática, a água, ao entrar na célula guiada por uma concentração diferente de soluto, provoca um aumento na pressão que empurra a membrana contra a parede celular, induzindo assim à rigidez do órgão e ao movimento. Controlando ativamente a concentração do soluto celular, as plantas geram ações como a abertura dos estômatos e a floração, assim como a *Mimosa* pode fechar as folhinhas e a dioneia[6] [*Dionaea muscipula*] pode acionar sua armadilha.

Os chamados *movimentos passivos*, ao contrário, são gerados por variações higroscópicas de alguns constituintes da parede celular. Esta última é um elemento típico da célula vegetal; diria, de fato, que, com o cloroplasto (órgão celular responsável pelo processo fotossintético), é sua marca registrada. Não há nada parecido com essa estrutura robusta nas células animais. A parede celular é o esqueleto da planta, o componente estrutural que dá rigidez e habilidade para manter a forma, sendo constituída por fibras de celulose imersas em uma matriz macia de polissacarídeos estruturados, hemicelulose, proteínas solúveis e outras substâncias. É precisamente essa matriz macia que, expandindo-se reversivelmente quando combinada com moléculas de água, é responsável pela abertura das pinhas, pela abertura explosiva das vagens das glicínias e pelo movimento das sementes de *Erodium cicutarium* no solo ou da aveia selvagem.

Há alguns casos concretos e bem conhecidos que vale a pena examinar. A pinha – ou seja, o órgão que contém as estruturas reprodutivas das coníferas e cujo nome científico é *estróbilo* – consegue, por exemplo, uma façanha nada simples para tecidos mortos: abre as escamas lenhosas em um ambiente seco e fecha-as quando a umidade do ar é alta. Uma pinha em um dia chuvoso tem as escamas apertadas, para evitar que as sementes saiam, enquanto em um dia ensolarado as escamas se abrem completamente, permitindo sua liberação. Aparentemente, essa estratégia é justificada pelo fato de que, nos dias úmidos ou chuvosos, a semente cairia tão

---

6   *Dionaea muscipula* (Dionea é uma das muitas denominações de Afrodite) é uma planta carnívora nativa das áreas pantanosas da Carolina (Estados Unidos).

perto da planta-mãe que não seria efetivamente lançada no meio ambiente.

No entanto, como funciona esse movimento aparentemente simples, mas na realidade incrivelmente complexo (especialmente se pensarmos que é executado por tecidos mortos que não usam qualquer energia interna)? O artifício está na natureza das escamas. Cada uma delas é composta de dois tecidos diferentes, indistinguíveis a olho nu; é somente na cuidadosa observação microscópica, portanto, que se pode ver a diferença entre eles. A superfície interna das escamas é composta de fibras *esclerenquimáticas* agrupadas para formarem cabos microscópicos, enquanto a superfície externa é composta de *esclereídeos*, mais grossos e mais curtos. Os dois componentes têm uma afinidade diferente com a água e, portanto, diz-se que são diferentemente higroscópicos. Como foi descoberto por Dawson, Rocca e Vincent, uma mudança de 1% na umidade a 23°C resulta em uma expansão 33% maior nos esclereídeos, em comparação às fibras esclerenquimáticas. Assim, o mistério é revelado: quando a água é absorvida ou perdida por essas fibras, os tecidos se expandem ou encolhem de maneira desigual, permitindo o fechamento ou a abertura da pinha a olho nu.

O fenômeno pode ser facilmente reproduzido em laboratório (mesmo em casa, para dizer a verdade: basta mergulhar a pinha aberta na água para ver os efeitos) e desencadeou uma longa série de estudos, muitos dos quais movidos pela aspiração de criar materiais artificiais que permitissem a mesma performance. Imaginem quantas aplicações possíveis poderiam ser encontradas para um material capaz de se mover apenas usando os gradientes de umidade do ambiente? Assim, em 2013, o dr. Mingming Ma e alguns colaboradores do MIT desenvolveram um filme polimérico capaz de trocar água com o meio ambiente e expandir e contrair rapidamente, gerando movimento. Ele é capaz de desenvolver uma pressão de 27 megapascais e levantar objetos 380 vezes mais pesados do que ele. Além disso, ao combinar esse dispositivo com um elemento piezelétrico, os cientistas conseguem produzir eletricidade com uma voltagem de pico de cerca de 1 volt, graças à qual os dispositivos micro e nanoeletrônicos poderiam ser alimentados. Tudo isso usando apenas os gradientes de umidade.

As possibilidades de uso são muitas e incluem o fornecimento de energia para um grande número de dispositivos. Nós, por exemplo, estamos tentando explorar um sistema análogo para tornar os sensores que monitoram a atividade elétrica das árvores autônomos do ponto de vista energético. Mas certamente não é o único caminho a seguir. Sistemas desse tipo (que, recordo, são de dimensões praticamente microscópicas), distribuídos nas fibras das roupas, em estofados ou em outros tecidos, iriam torná-los energeticamente autônomos e capazes de operar qualquer tipo de sensor ou dispositivo que não consumisse muita energia. Poderíamos imaginar tecidos que, em contato com o corpo, seriam capazes de detectar os dados clínicos mais importantes; ou tecidos que medissem parâmetros ambientais, o nível de estresse ou qualquer outra coisa que nos passasse pela cabeça. Em pouco tempo, tudo isso será realidade, e uma parte decisiva das tecnologias e materiais que permitirão esses avanços será inspirada no funcionamento das plantas.

O potencial dos movimentos passivos das plantas certamente não termina aqui. Só para mencionar outro caso, os feixes (filamentos finos e longos típicos de inúmeras gramíneas) também respondem às mudanças de umidade. Em algumas espécies de aveia – como a *Avena sterilis*, a *Avena fatua* ou a *Avena barbata*, muito comuns na região mediterrânea tanto no campo como em áreas não cultivadas ao longo das estradas –, esses filamentos têm a propriedade de se torcer conforme a umidade atmosférica. E por muito tempo essa capacidade foi útil para a construção de higrômetros bastante precisos. Tentem confeccionar um instrumento desses e vão perceber como a mera presença de umidade no ar é capaz de induzir um movimento perceptível. Como se faz isso? Aqui estão algumas sugestões práticas. Peguem a parte central de um feixe de trigo ou aveia, visivelmente enrolada em espiral, e fixem uma das extremidades no centro de um disco que mostre a divisão em graus; depois, na outra extremidade, prendam um ponteiro ou qualquer outro elemento rígido e leve que funcione como indicador. Agora, cubram tudo com um copo, e aí está um higrômetro caseiro formidável, cuja única falha estará na manutenção, que depende da substituição dos feixes por novos de tempos em tempos.

Uma semente muito ativa: o *Erodium cicutarium*

Entre todos os movimentos passivos que podemos encontrar no mundo das plantas – e há aqueles realmente bizarros –, nenhum, na minha opinião, supera em interesse e curiosidade aqueles postos em ação pelas sementes de *Erodium cicutarium*, que estouram se separando da planta-mãe, podem ficar presas no pelo de algum animal que passa e as transporta, caem no chão, movem-se até encontrarem uma fissura no solo onde finalmente penetram. Uma sequência verdadeiramente notável, difícil de realizar mesmo para órgãos dotados de energia interna e impossível de imaginar em tecidos mortos.

O *Erodium cicutarium* é uma plantinha graciosa da mesma família que o gerânio (*Geraniaceae*), que cresce espontaneamente em muitas regiões do mundo. Seu nome está ligado à forma da fruta, que lembra o bico de uma garça (*erodiòs*, em grego antigo), e à semelhança das folhas com as da cicuta.

67

Na verdade, outros gêneros da família também têm nomes que lembram o bico de aves pernaltas; o mesmo termo gerânio deriva do grego *géranos* (guindaste), enquanto *Pelargonium* (justamente o nome de um gênero da família) vem do grego *pelargòs*, que significa "cegonha".

Voltando ao *Erodium*, no entanto, trata-se de uma planta herbácea anual, bastante difundida, com flores roxas de cinco pétalas. Sua característica mais extraordinária reside, sem dúvida, nas sementes. Cada uma delas é formada a partir de uma semente (*aquênio*), desgrenhada e pontuda como a ponta de um arpão, e de um filamento torcido em espiral, também coberto de pelos; cada um desses elementos, como veremos, tem uma função especial na surpreendente série de movimentos que ela é capaz de realizar.

Meu interesse pelo *Erodium* começou há algum tempo, quando uma das pesquisadoras do meu laboratório, Camilla Pandolfi, foi trabalhar por alguns anos em um escritório especial da ESA, a agência espacial europeia. Essa divisão, que tinha o fascinante e sugestivo nome de Ariadna Advanced Concepts Team [Ariadna – Equipe de conceitos avançados], devia atuar como um elo entre a ESA e a comunidade acadêmica europeia interessada em pesquisa avançada em tecnologia espacial. Na verdade, a equipe de conceitos avançados nos impressionou muito; então, quando Camilla veio me perguntar o que eu achava de sua possível transferência para esse centro, não hesitei. Ela tinha que ir. Imediatamente. Dois anos em um centro de pesquisa com um nome tão promissor seriam uma experiência maravilhosa. Além disso, nosso laboratório tem se dedicado há anos ao comportamento das plantas na ausência de gravidade e ainda colabora ativamente com inúmeras agências espaciais. Camilla se sentiria em casa.

Quando se mudou para o principal centro de pesquisa e desenvolvimento da ESA em Noordwijk, na Holanda, a algumas dezenas de quilômetros de Amsterdã, a tarefa de Camilla se mostrou ainda mais interessante do que imaginava. Ela teria que estudar exemplos de materiais, funções ou estratégias típicas do mundo vegetal e, com essas pesquisas, fornecer novas perspectivas para o progresso das tecnologias espaciais. Uma tarefa fascinante, mas também à primeira vista impossível; o que as plantas tinham para ensinar sobre exploração espacial? À primeira vista, nada. No entanto, as plantas são prodígios de soluções. Em resumo, Camilla identificou uma série de tópicos cujo exame poderia ter levado a inovações interessantes. Entre eles, dois também foram de grande importância para nós: o estudo de gavinhas como modelo de órgãos artificiais e a pesquisa de sementes de *Erodium* como ponto de partida para a construção de sondas capazes de penetrar no solo extraterrestre e explorá-lo usando pouca ou nenhuma energia.

Vocês certamente se lembrarão de robôs como Pathfinder, Spirit, Opportunity e Curiosity, os últimos de uma lista de máquinas enviadas para explorar Marte; ou o mais recente deles, o módulo Philae, que pousou em 12 de novembro de 2014 na superfície do cometa 67P / Churyumov-Gerasimenko. Entre os objetivos principais de cada um deles estavam a perfuração do solo e a análise das amostras colhidas a uma certa profundidade. De fato, a descoberta de água, talvez congelada abaixo da camada superficial do solo, o estudo da composição química do solo ou até mesmo a possível presença de vida microscópica fazem com que a perfuração de corpos celestes durante sua exploração seja uma das prioridades para todas as agências espaciais mundiais. No entanto, qualquer dispositivo que se queira enviar para o espaço deve corresponder a milhares de especificações de segurança, mas, acima de tudo, a dois requisitos fundamentais: ser o mais leve possível e consumir uma quantidade mínima de energia. Peso e energia são duas restrições insuperáveis em todo tipo de tecnologia espacial. E é por isso que, com estrutura leve e capacidade de se mover e penetrar no solo sem consumir energia, o *Erodium* representou um importante campo de pesquisa para a ESA. Pense por um momento se pudéssemos reproduzir as soluções que permitem que essa semente se mova...

Como todas as plantas, o *Erodium* tem a necessidade de dispersar suas sementes em uma superfície o mais ampla possível. Para ser claro, a planta-mãe não tem interesse em tê-las todas por perto; ao contrário, coloca em ação uma estratégia integrada para que as sementes possam se afastar dela. Há boas razões para que essa escolha seja relevante em termos evolutivos, sobretudo para impedir o crescimento na vizinhança de rivais com os quais competir.

Assim, as plantas inventaram centenas de soluções diferentes para espalhar suas sementes no meio ambiente, garantindo ao mesmo tempo melhores chances de sobrevivência. No caso do *Erodium*, tudo começa com um movimento de explosão. As sementes são reagrupadas de modo a acumular energia mecânica como se fosse uma mola. Essa energia continua a aumentar até que um rompimento qualquer do equilíbrio, como o contato leve de um inseto, a passagem de um animal ou mesmo um simples sopro de vento, cause a liberação imediata e explosiva das sementes. Elas são literalmente catapultadas até alguns metros de distância; e então, graças aos arpões de que dispõem, podem se fixar no pelo de animais e ser levadas a quilômetros de distância da planta-mãe.

Uma vez na terra, uma nova aventura começa. Os longos feixes das sementes (que se assemelham a espermatozoides) começam a enrolar, dependendo da umidade do ar. As cerdas presentes ajudam no deslocamento e, assim que a semente encontra uma fissura mínima no solo, facilitam seu exato posicionamento de cabeça para baixo. Nesse ponto, com o topo de arpão introduzido na fenda, os ciclos determinados pela variação de umidade entre o dia e a noite fornecem a força propulsora necessária para penetrar no solo. Cada volta dos espirais dos quais o feixe é composto empurra a semente mais para o fundo; além disso, a forma pontiaguda garante que o movimento de penetração permaneça constante, seja enrolado ou desenrolado. Em alguns dias – isto é, alguns ciclos de dia e noite –, a semente atinge sua posição final, com muitos centímetros de profundidade, pronta para germinar e se transformar em uma nova planta.

Agora que vocês conhecem o potencial extraordinário da semente de *Erodium*, entenderão por que a pesquisa conduzida em parceria com Camilla e seus colegas da Ariadna Advanced Concepts nos envolveu por quase um ano, durante o qual cada aspecto possível das forças e das estratégias implementadas por essa maravilhosa planta foi investigado em detalhe. Para estudar seu potencial na construção de sondas autoenterrantes que sejam utilizadas em futuras missões de exploração planetária não tripuladas, foi avaliada a capacidade de a semente se aprofundar em diferentes solos, com propriedades mecânicas semelhantes às encontradas na Lua, em Marte ou em asteroides.

Para examinar os inúmeros movimentos, foi necessário usar técnicas de gravação de vídeo muito diferentes. De fato, no *Erodium* coexistem movimentos lentos, para os quais é necessário recorrer às técnicas inventadas por Pfeffer e apresentadas no início do capítulo, e movimentos super-rápidos, para cujo estudo detalhado é fundamental ter vídeos que os desacelerem. A análise de movimentos mais lentos, como o do aprofundamento no solo, exigia, portanto, técnicas de *time lapse* adequadas para visualizar os ciclos de aparafusamento, seguindo variações de umidade entre o dia e a noite; enquanto para o estudo da fase explosiva de expulsão das sementes, ou para pouso no solo, usamos equipamentos de vídeo de alta velocidade.

Não foi uma tarefa simples. Em nosso laboratório, éramos especialistas em técnicas de *time lapse*, mas não tínhamos ideia de como trabalhar para filmar os movimentos rápidos relativos à explosão das sementes e seu voo. Essas fotos exigiam equipamentos e habilidades muito diferentes, e levamos algum tempo para descobrir como fazê-lo. Acima de tudo, não encontrávamos uma solução *prática* para filmar o momento da explosão; já soluções *não práticas* – desde as mais ingênuas elaboradas por nós às mais pitorescas, sugeridas por quem quer que visitasse o laboratório –, essas tivemos até demais. O problema era que não bastava registrar uma ou duas explosões de sementes; tínhamos que filmar literalmente milhares, em condições diferentes de umidade e temperatura e em diferentes solos que mimetizavam as possíveis terras extraterrestres. Precisávamos de um sistema para ativar as sementes *no comando*, assim que todas as condições experimentais estivessem prontas para o experimento.

Passamos mais de um mês sem encontrar uma solução mais eficaz do que iniciar a gravação e esperar que a planta decidisse "explodir". Gravando em mil quadros por segundo e em resolução HD, a quantidade de dados que acumulamos mesmo por apenas alguns minutos de filmagem era hiperbólica (muitos gigabytes por segundo). Não tínhamos nada tão grande em que pudéssemos guardar horas de gravação! Quer dizer, estávamos em apuros. Em apenas um mês, registramos apenas algumas explosões, e faltavam ideias sobre como proceder. Até que, um belo dia, a solução apareceu por acaso (ou melhor, felizmente) com um aluno do ensino médio que visitava o laboratório. Antes de entrar no LINV, todos os visitantes – jovens estudantes ou idosos– recebem por lei uma breve aula sobre comportamento, na qual são solicitados explicitamente a não tocar em nada. A proibição absoluta serve tanto para evitar danificar os delicados instrumentos quanto para os experimentos em andamento e, ainda, para impedir que os visitantes se machuquem. Felizmente, desta vez, um dos estudantes achou que era melhor desobedecer.

Aproximando-se do equipamento que usávamos para experimentos com o *Erodium*, enquanto um dos meus colaboradores explicava em que consistia a peculiaridade dessa planta, o garoto exclamou: "Ah, que lindo o eródio!". Então, tirou do bolso uma varinha de madeira fina com a qual tocou as sementes ainda na planta em um determinado ponto, na interseção, causando a expulsão imediata. Enquanto a professora que os acompanhava pedia desculpas pelo garoto indisciplinado, prometendo punição exemplar, fui conquistado pelo resultado desse simples gesto. O jovem estudante, nativo de uma área não muito distante de Florença, cheia de eródios espontâneos, aprendera, brincando nos campos, como desencadear a explosão. Basta apenas um toque muito leve, no ponto em que as sementes estão em contato umas com as outras, para que a força elástica que as mantém juntas seja liberada. Finalmente, tínhamos um sistema prático para induzir a expulsão e, portanto, poderíamos continuar com nossos estudos. Nos meses seguintes, praticamos milhares dessas "explosões controladas". Que Deus proteja sempre as crianças indisciplinadas!

Graças aos resultados obtidos na conclusão do estudo, hoje sabemos que cada detalhe na semente de *Erodium* tem uma função precisa. A capacidade de perfurar o solo e ser enterrada está de fato ligada:

a à geometria da semente;
b à estrutura do filamento e seu movimento em relação à umidade;
c a uma zona inativa dos filamentos;
d às barbas presentes no carpelo e nos filamentos.

Os dados coletados foram utilizados para construir um modelo do movimento do *Erodium*, que entregamos à ESA com um documento volumoso (se tiverem curiosidade, podem encontrá-lo na internet) que descreve minuciosamente as características dessa planta fascinante. E talvez, um dia, alguém decida realmente construir uma sonda de exploração espacial inspirada nela. Eu ficaria feliz. Enquanto isso, nosso dever foi cumprido.

5

CAPSICÓFAGOS E OUTROS ESCRAVOS VEGETAIS

Quando você usa drogas, o traficante é como o amado para o amante.
WILLIAM BURROUGHS, *Junky*

A propósito, a ideia antiga de que as especiarias eram usadas para mascarar alimentos estragados não resiste ao escrutínio. Os únicos que podiam comprar a maioria das especiarias não teriam carne estragada em casa, e, de qualquer forma, as especiarias eram preciosas demais para serem usadas dessa maneira.
BILL BRYSON, *Em casa – Uma breve história da vida doméstica*

A arte da manipulação

Devido à impossibilidade óbvia de se deslocar do lugar onde nasceram, as plantas muitas vezes precisam colaborar com os animais, especialmente em momentos específicos do ciclo vital. Elas usam a mobilidade dos animais para espalhar sementes, garantir a polinização eficiente ou se defender.

Existem inúmeros exemplos de cooperações semelhantes que se mostraram vantajosas para ambos os atores. Normalmente proporcionam uma recompensa ao animal pelos serviços prestados. É o caso do polinizador recompensado com o néctar saboroso e energético, da ave que em troca de um fruto apetitoso espalha sementes ou também do homem – o melhor vetor que se pode sonhar neste planeta – que, em troca de comida, beleza ou outras vantagens, espalha por toda parte as plantas de que necessita.

Porém, as coisas nem sempre são tão claras assim. Em muitas situações, a conduta das plantas é mais suspeita e oportunista, e os serviços fornecidos pelos animais são usados sem ter uma recompensa em troca. As sementes da bardana – a planta que inspirou a invenção do velcro – e de centenas de outras espécies chamadas de *caronistas* se agarram à pele de animais sem oferecer nada em troca da passagem. Em muitos casos, refiro-me às extraordinárias capacidades miméticas das plantas, que enganam os animais, forçando-os a comportamentos que de alguma forma as auxiliam ou favorecem. Até aqui, nada de novo. Engano, fraude e desinformação são práticas comuns a todos os seres vivos, incluindo as plantas. A situação toda se torna mais interessante quando se notam as reais capacidades de manipulação – e uso esse termo propositalmente – que as plantas são capazes de exercer com relação aos animais.

Traficantes e consumidores de néctar extrafloral

Em meados do século XIX, Federico Delpino [1833–1905], um importante botânico italiano agora injustamente esquecido, e Charles Darwin mantiveram uma intensa correspondência sobre um problema, o dos néctares extraflorais, que interessava a ambos, embora fossem defensores de ideias diametralmente opostas. Muitas espécies são capazes de secretar néctar não apenas em flores – um local normalmente responsável por essa produção –, mas também nos galhos, na parte aérea ou na axila das folhas. No entanto, enquanto a função do néctar floral é evidente, graças a seu papel de atração e recompensa para os polinizadores, a do néctar extrafloral permaneceu por muito tempo envolvida em mistério. Para Darwin, os líquidos liberados fora das flores deveriam ser entendidos como substâncias residuais que a planta precisava eliminar. Os néctares extraflorais, em outras palavras, tinham que ser vistos como órgãos excretores usados para expelir substâncias que eram de algum modo supérfluas. Darwin chegou a acreditar que, devido à evolução posterior, os néctares florais se originaram precisamente desses órgãos excretores.

Essa teoria não convenceu Delpino. A hipótese de as plantas desperdiçarem substâncias tão açucaradas e, portanto, energeticamente caras parecia improvável. Um produto contendo uma quantidade tão elevada de açúcar não poderia ser definido como "supérfluo". Para Delpino, se a planta se privasse desses recursos preciosos, isso significaria que, em troca, obteria alguma vantagem. Sua ideia era que essas substâncias desempenhavam a mesma função que os néctares florais: atrair insetos. O mistério acerca da necessidade de a planta atrair insetos para seu corpo permaneceu. Nas flores, a razão era óbvia, mas qual função útil para a planta os insetos poderiam desempenhar entre os galhos e as folhas? O motivo, descoberto por Delpino após anos de estudo, tornou-se conhecido pelo nome pouco atraente de *mirmecofilia* (do grego *múrmex,* "formiga", e *philos,* "amigo"). Do que se trata? De plantas – em 1886, Delpino publicou uma monografia com 3 mil espécies mirmecófilas – que usam néctares extraflorais para atrair formigas, obtendo em troca defesa ativa de outros insetos ou predadores em geral. Em essência, outra das muitas parcerias que as plantas estabelecem com animais. Nesse caso específico, néctar açucarado em troca da defesa contra os predadores.

A cooperação entre plantas e formigas pode atingir níveis de sofisticação difíceis de imaginar. Um exemplo é a associação entre esses insetos e inúmeras espécies de árvores pertencentes ao gênero *Acacia*, nativas da África ou da América Latina. Algumas acácias, na verdade, produzem corpos de frutificação específicos para alimentar as formigas e lhes fornecem espaços, obtidos dentro de determinadas estruturas das árvores, onde esses insetos vivem e criam suas larvas. Mas não acaba aí. Como em um programa de televendas em que o apresentador não para nunca de acrescentar produtos para incentivar a compra, assim as acácias oferecem, além de comida e de alojamento, também bebidas gratuitas, na forma de deliciosos néctares extraflorais. Em troca, as formigas se encarregam da defesa contra qualquer animal ou planta agressora que possa danificar de qualquer forma a planta em que estão alojadas. E elas fazem isso com grande eficácia. Não apenas mantêm longe da árvore todos os outros insetos que tenham a infeliz ideia de se aproximar como também atacam animais bilhões de vezes maiores do que elas. Portanto, não é incomum ver formigas picando herbívoros do tamanho de um elefante ou de uma girafa para dissuadi-los.

A defesa ativa implementada pelas formigas, no entanto, não se limita a afastar os animais, qualquer que seja o tamanho deles; vai muito além. Toda planta que ousa emergir do solo em um raio de poucos metros de sua hospedeira é picada sem misericórdia. Assim, não é incomum, no meio da floresta amazônica, ver campos perfeitamente circulares sem nenhuma vegetação em torno de uma acácia. Um fenômeno inexplicável para as populações locais, que chamam essas áreas de "jardins do diabo". Daí essa pareceria ser uma esplêndida forma de colaboração entre plantas e formigas; à primeira vista, um exemplo clássico de simbiose mutualista. No entanto, as coisas não são exatamente nesses termos, e, recentemente, inúmeros estudos estão trazendo uma imagem mais preocupante. Sob a fachada de uma relação idílica de benefício mútuo, pelo contrário, parece se esconder uma história vil de manipulação e engano, que colocaria as acácias no papel impopular de malévolas.

O néctar extrafloral que a planta produz, como vimos, é um líquido açucarado muito energético; todos sabem que nada atrai mais insetos do que açúcar, de modo que, durante anos, se acreditava que esse era o segredo do apelo dessas secreções. No entanto, o néctar não contém apenas açúcares, é composto também de centenas de outras substâncias químicas, entre elas muitos alcaloides não proteicos e aminoácidos, como o ácido γ-aminobutírico (GABA), taurina e β-alanina. Essas substâncias desempenham uma importante função de controle sobre o sistema nervoso dos animais, regulando a excitabilidade neuronal e, portanto, o comportamento. O GABA, por exemplo, é o principal neurotransmissor inibitório em vertebrados e invertebrados, esta última justamente a divisão da qual as formigas fazem parte; assim, alterações na concentração desse ácido devido ao consumo de néctar extrafloral podem afetar significativamente seu comportamento. Além disso, os alcaloides contidos no néctar – como a cafeína e a nicotina, entre outros – não somente influenciam as habilidades cognitivas das formigas (assim como as de outros insetos polinizadores que consomem néctar) como também induzem à dependência.

O que foi descoberto recentemente é que as acácias, como muitas outras espécies mirmecófilas, são capazes de dosar a produção dessas substâncias dentro do néctar extrafloral, de modo a modificar o comportamento das formigas. Isso não é tudo. Como traficantes experientes, primeiro elas atraem as formigas, seduzem-nas com néctar doce e rico em alcaloides e, uma vez dependentes, controlam seu comportamento, por exemplo, aumentando a agressividade ou a mobilidade delas na planta. Tudo isso apenas modulando a quantidade e a qualidade das substâncias neuroativas presentes no néctar. Nada mau para seres que continuamos a perceber como indefesos e passivos, mas que, por estarem enraizados no solo, fizeram de sua capacidade de manipular os animais através da química uma verdadeira arte.

Aquela vez que encontrei meus primeiros capsicófagos

Não pensem que nós, humanos, estamos imunes à malícia sutil com a qual as plantas são capazes de manipular animais. Aliás... vamos ao caso das pimentas.

Nasci na Calábria, terra de consumidores de pimenta orgulhosos; lá, quase todo mundo adora sabores picantes. Mas nem todos são *capsicófagos*. Estes são uma raça à parte, composta de pessoas que têm uma relação única com as pimentas. Conheci meus primeiros capsicófagos durante a infância, numa época em que todo encontro com fatos, coisas ou pessoas originais é envolto em magia e maravilha. Uma das lembranças mais vivas dessa fase é um casamento para o qual minha família havia sido convidada. Era agosto, um mês em que, para mim, qualquer tipo de cerimônia pública ou privada deveria ser formalmente proibida. Colocar terno e gravata e acompanhar o andamento infinito de uma tradicional cerimônia de casamento do Sul, da espera na igreja até o baile final, pode durar mais de catorze horas de sofrimento, a temperaturas muito acima das toleráveis para qualquer pessoa sensata – inclusive eu descobriria, nos anos seguintes, que as coisas não são muito diferentes no resto do mundo. Ou seja, um país responsável não deveria tolerar casamentos no auge do verão.

Nesse caso, depois da cerimônia na igreja, fomos ao litoral para o jantar de casamento. Não me lembro exatamente se estávamos em um restaurante, uma casa particular ou outra coisa; mas me lembro bem, isso sim, do horror de ter que comer de "uniforme". Eu era criança, felizmente ainda livre da obrigação do paletó e gravata, mas ainda terrivelmente desconfortável em roupas rígidas e desconfortáveis que eu não sabia usar, feitas em cores sem graça e tecidos projetados para suprimir todo e qualquer movimento livre do corpo. Roupas que, estando eu em pleno crescimento, eram do tamanho certo apenas por algumas semanas; assim, forçado a usá-las em ocasiões sucessivas, logo ficavam apertadas na cintura, nas coxas e nos ombros e, com sua aderência, acentuavam o horrível tormento daquelas cerimônias abafadas e intermináveis.

Sentado à mesa com outras crianças, esperei com resignação pela tortura habitual, à qual então estava bem treinado; meus pais pareciam conhecer toda a população calabresa, e, durante anos, a participação em casamentos foi a principal atividade de nossos fins de semana de primavera e de verão. Eu sabia como sobreviver. Primeiro: ignore o calor, viva com o suor escorrendo e os tecidos grudados à pele sem sentir dor, aceite a condição desagradável como uma necessidade imutável da vida (adulto, descobriria que estava abordando autonomamente a grande tradição estoica). Segundo: coma o mínimo possível e apenas o que realmente gosta, sem se preocupar se os pratos passam e nada parece corresponder às expectativas. Em qualquer casamento digno do nome, mais cedo ou mais tarde, será servido algum alimento razoavelmente esperado, ou quase...

Por isso, esperei pacientemente, estudando com expressão de superioridade mal disfarçada os principiantes que eu via se encher de aperitivos e entradas e ficar empanturrados antes mesmo de o verdadeiro almoço ser servido. Ajuizado, eu me mantinha tranquilo para os pratos finais, que eu preferia. Quando os outros convidados estavam exaustos e os garçons serviam queijos e incontáveis sobremesas, minha refeição começava.

Para sobreviver ao tédio daqueles dias intermináveis, era preciso muito mais do que comer com prudência. Por isso, sempre carreguei comigo um kit com um livro de aventuras e algumas histórias em quadrinhos; uma medida estratégica que mantive por anos. Durante esse casamento em particular, no entanto, minha atitude em relação a essas cerimônias mudou de uma vez por todas. Foi então que tive a oportunidade de conhecer meus primeiros capsicófagos, os verdadeiros comedores de pimenta. É preciso lembrar que eu sabia que se usava em todo lugar (meu pai, que se converteu em idade adulta ao uso dessa especiaria, colocava quantidades significativas em qualquer coisa que não fosse café). Era impossível para um calabrês não ter provado, mais ou menos regularmente, uma cozinha apimentada; mas verdadeiros capsicófagos são algo diferente.

Chegaram em cinco, todos com roupas parecidas, quase como se fizessem parte de uma confraria: paletó, colete e gravata. Suas roupas escuras me pareceram muito pesadas, como se fossem feitas de uma espécie de tecido preto, mas agora me pergunto se minha memória não está distorcendo os fatos. Com certeza, aproximaram-se da mesma mesa. Seus gestos eram estranhamente sincronizados; pareciam apresentar uma coreografia ensaiada e reensaiada. Puxaram as cadeiras ao mesmo tempo, sentaram-se em uníssono e então... eis o milagre! Movendo-se em conjunto, cada um deles tirou um buquê de pimentas do bolso. Compridas como croissants, vermelhas e verdes. Lindas. Eles as colocaram sobre a mesa, respeitosamente, ao lado do próprio prato, entre o copo de vinho tinto e o garfo – ao alcance da mão esquerda, enfim – e se prepararam para o início do almoço.

Eu estava sentado na mesa ao lado e, portanto, podia vê-los bem. Pessoas sérias, pouco propensas ao riso e com uma expressão ligeiramente preocupada. Pareciam esperar por algo. Trocaram breves comentários sobre a festa e ocasionalmente deixaram a mão repousar sobre seu buquê, quase com ternura, apalpando a consistência de cada fruto individualmente, comparando-o com olhares furtivos aos dos outros convidados. Suas mãos eram ásperas e escurecidas pelo sol, mas capazes de gestos carinhosos em direção àquelas amiguinhas apimentadas. Os garçons começaram a servir e finalmente pude observar os movimentos que, em todas as latitudes do mundo, revelam os gestos precisos do capsicófago. A mão direita leva a comida até a boca enquanto a esquerda segura uma pimenta. É assim que qualquer refeição é encarada. Um bocado de comida, uma mordida de pimenta; bocado-mordida, bocado-mordida, sem pular uma vez, com qualquer prato, tão preciso quanto um metrônomo. É a alternância de pimenta-comida, além da impossibilidade de comer qualquer coisa sem acompanhá-la com picância, que caracteriza os verdadeiros capsicófagos.

Lembro-me perfeitamente da cena. O ritmo da ação e a cadência eram constantes mesmo ao remover a coroinha de um novo fruto quando o anterior acabava. Tudo funcionava num mecanismo perfeito, azeitado por anos de costume. Algo nunca visto antes, que, na minha imaginação de menino, eu associava a algum hábito exótico adquirido pelos cinco adultos em terras distantes. Por outro lado, como mencionado, eles foram os primeiros *capsicófagos* que encontrei. Nos anos seguintes, conheceria muitos outros, tanto na Calábria como em toda parte do mundo, da China à Hungria, do Chile ao Marrocos e à Índia, todos unidos pela necessidade de acompanhar cada prato com grandes mordidas em pimentas exclusivas. Independentemente do sistema utilizado – garfos, *hashis*, mãos... – em qualquer latitude, o ritmo comida-pimenta é a marca inconfundível do *capsicófago* convicto.

O fato de que, apesar do calor atroz, das roupas pretas pesadas e da enorme quantidade de pimenta consumida, aqueles senhores não suavam impressionou-me mais que qualquer outra coisa. Como era possível? Eu derretia sob o sol escaldante da Calábria, enquanto na testa deles não se via sequer uma gota de suor. Secos como se estivessem em um piquenique na Cornualha, na Inglaterra. O fato me intrigou a ponto de, depois de algum tempo, tendo superado a timidez infantil natural, arriscar a perguntar a um deles se as pimentas que comiam eram "normais" ou de um tipo diferente, não picante, e que talvez servissem apenas para não suar. Foi, como vocês podem imaginar, uma atitude incauta. Nunca pergunte a um capsicófago se suas pimentas são picantes! Suas papilas, cauterizadas por anos de abuso, nunca percebem suficientemente o ardor. Então, o entrevistado, com grande gentileza, sugeriu que eu experimentasse um pedacinho. Minúsculo. Assim, só para ter uma ideia. Foi como colocar lava na boca. Uma sensação que conhecemos. Desagradabilíssima, nada a acrescentar. No entanto, todos os dias pouco mais de um terço da população do planeta, cerca de 2 bilhões e meio de pessoas, procura regularmente esse mesmo tormento. Como isso é possível?

Para responder à pergunta, talvez seja útil gastar algumas palavras sobre a planta que é a fonte de todo esse barulho. O nome "pimenta" refere-se a um certo número de espécies do gênero *Capsicum*, o mesmo ao qual pertence o pimentão, quase todas caracterizadas por produzir quantidades substanciais de capsaicina, a molécula responsável pela sensação de ardor (há poucas variedades não picantes). As cinco espécies mais cultivadas são *Capsicum annuum*, *C. frutescens*, *C. pubescens*, *C. baccatum* e *C. chinense*. São arbustos perenes que, dada a vida curta, são normalmente considerados anuais. Nativas do continente americano, onde foram cultivadas há 8 mil anos, essas plantas tiveram grande importância do ponto de vista médico, além da presença na culinária, para as civilizações nativas. A pimenta chegou à Europa com o retorno de Colombo das primeiras viagens à América Central e, como muitas outras espécies comestíveis nativas do Novo Mundo, imediatamente se tornou muito consumida, espalhando-se pelo mundo todo. Em menos de um século, a pimenta se tornou parte da cultura gastronômica de países como Itália, Hungria (de onde vem a páprica), Índia, China, África Ocidental, Coreia e assim por diante. Um avanço único e inegável, que conquistou os lugares mais remotos da Terra.

É precisamente a picância que torna a pimenta um alimento tão procurado. Para indicar sua intensidade, em 1912, o químico americano Wilbur Scoville inventou uma escala batizada com seu nome, a escala de Scoville. O método de medição em sua base, o teste organoléptico de Scoville, consiste em diluir o extrato de cada espécie de pimenta em uma solução de água e açúcar. Um grupo de provadores continua a diluir a solução até que ela seja considerada completamente livre de ardor. O número de diluições, mais elevado quanto mais a pimenta for considerada picante, corresponde ao valor em Scoville Heat Units (ou SHU). O pimentão tem zero SHU, enquanto a capsaicina pura tem 16 milhões de SHU – o valor máximo de ardor que se pode alcançar na escala de Scoville, um patamar que tem o mesmo encanto que as grandes constantes físicas, como a velocidade da luz ou o zero absoluto de temperatura. Um limite intransponível, que representa o Santo Graal dos capsicófagos.

Todos os anos, por meio de qualquer técnica conhecida – lícita e ilícita – para melhoria das plantas, um enorme número de novas variedades ou seleções muito picantes é produzido. O objetivo é sempre elevar o limite, chegando o mais perto possível da perfeição inatingível dos 16 milhões de SHU. Os nomes dessas novas variedades não deixam nada a desejar à imaginação. No mundo das novidades vegetais, acostumado a nomes que representam graça, sinceridade, amizade e beleza, os apelidos atribuídos a esses monstros picantes são de uma brutalidade desconhecida. Inferno, demônio, nuclear, morte, fantasmas e pestilências estão obviamente entre os termos mais usados; mas também tigres, escorpiões, víboras, cobras, dragões-de-komodo, tarântulas e animais agradáveis afins são bem representados no imaginário das pimentas.

Em 2013, a Carolina Reaper (ceifadora da Carolina; sim, *aquela* ceifadora, que tradicionalmente representamos como um esqueleto com uma foice grande na mão e que aqui indica um monstro capaz de produzir frutos contendo mais de 10% de seu peso em capsaicina) superou a cifra astronômica de 2 milhões de unidades Scoville! Assim, tirou da Trinidad Scorpion [escorpião de Trinidad] e da Naga Viper [víbora Naga] a cobiçada primazia de *Capsicum* mais picante do planeta. A cada ano, a tabela aumenta, novos recordes mundiais de picância são alcançados e milhões de pessoas no mundo vendem a alma em busca dessas amostras, para prová-las ou propagá-las. E, quanto mais picantes elas são, mais são propagadas. Porque o que os capsicófagos procuram é a capsaicina e nada mais. Em doses crescentes. Nos Estados Unidos, a marca de condimentos Blair's Sauces and Snacks disponibilizou o produto picante (e "picante" é um eufemismo) Blair's 16 Million Reserve. Trata-se de capsaicina pura em cristais,

86

armazenada em pequenas embalagens. Foram feitas 999 unidades, e seu preço de mercado entre colecionadores pode chegar facilmente a milhares de dólares.

Mas o que exatamente é a capsaicina? É um alcaloide que, em contato com as terminações nervosas, ativa um receptor conhecido como TRPV1, cuja tarefa é sinalizar ao cérebro níveis de calor potencialmente prejudiciais. Em geral, ele é ativado em torno de 43°C. O TRPV1, na prática, foi "projetado" para impedir que façamos coisas perigosas, como carregar ferro em brasa com as próprias mãos ou introduzir caldo fervente na boca, ações que podem danificar nosso corpo. Por isso a capsaicina causa dor, o que justifica que seja usada pela polícia em todo o mundo como arma, no spray de pimenta. Pelas mesmas características, é apreciada como tempero. No entanto, as pessoas mentalmente sãs não pingam suco de limão nos olhos nem batem os tornozelos contra os móveis porque acham agradável sentir dor.

Então, qual é a razão para que um terço da população mundial goste de colocar na língua – um dos órgãos mais sensíveis – grandes quantidades de um alcaloide que causa um ardor tão terrível? Várias teorias foram desenvolvidas ao longo dos anos. A mais conhecida, citada sempre que se tenta explicar esse anômalo comportamento humano, é o que o psicólogo Paul Rozin chamou de "masoquismo benigno", segundo o qual certas pessoas são atraídas por ardor e outras sensações de perigo. Para elas, comer pimenta seria uma variante de andar na montanha-russa. Em ambos os casos, Rozin afirma que, apesar de o corpo perceber o risco da atividade, em um nível superior sabe que não corre perigo real e, portanto, não há necessidade de interromper o estímulo negativo. O psicólogo conclui que, após uma série de exposições ao mesmo estímulo, o desconforto inicial se transforma em prazer.

Embora eu aprecie seu refinamento, essa teoria nunca me convenceu. Em parte porque estou muito satisfeito com a comida apimentada, mas não me sinto atraído por montanha--russa, *bungee jump* e qualquer outra atividade semelhante; em parte, porque minha esposa, que realmente gosta muito de pimenta, cobre o rosto para não ver cenas de filme de terror e nem sequer sobe num balanço, muito menos em montanha-russa; em parte porque muitos dos vorazes capsicófagos que conheci estão entre as pessoas mais tranquilas e menos propensas a buscar sensações de perigo que já encontrei; e, finalmente, porque parece improvável para mim que um terço da população mundial responda a essas características que, a olho nu, não parecem tão difundidas. No entanto, posso estar errado. Em favor de Rozin, deve-se dizer que, em 2013, um estudo conduzido pelos cientistas de alimentos John Hayes e Nadia Byrnes com 97 indivíduos estabeleceu uma correlação significativa entre aqueles que "procuravam sensações" e pessoas que gostavam de sabores picantes.

Minha hipótese, no entanto, é que muitas pessoas amam pimenta porque a capsaicina provoca uma ação diferente daquela induzida por outros alcaloides vegetais que atuam diretamente no cérebro (como cafeína, nicotina e morfina), mas idêntica em seu propósito: induzir o vício. Para explicar melhor, vamos retornar ao ardor que vai da boca para o cérebro. Quando o corpo percebe a dor na língua, acende o sinal verde para uma série de estímulos que chegam ao cérebro, produzindo endorfinas para aliviar o sofrimento. Endorfinas são neurotransmissores com propriedades analgésicas e fisiológicas semelhantes às da morfina, mas muito mais poderosas, e constituem o sistema por meio do qual o corpo alivia a dor. Elas são, portanto, a chave para entender o poder misterioso que a pimenta exerce em nossa vida.

A dependência da endorfina não é um conceito bizarro, ao contrário; por exemplo, é a base do mecanismo da bem conhecida *runner's high* (ou euforia do corredor). Adeptos de corrida ou de esportes de resistência, como maratona, natação de fundo e ciclismo, têm familiaridade com o assunto. É um estado particular de euforia que se manifesta após atividade esportiva prolongada e extenuante. Comparável à viagem induzida por algumas drogas, pode se manifestar como intensa felicidade ou sensação de bem-estar. Por muitos anos, não houve evidência científica de que o fenômeno fosse real; de fato, acreditava-se que era uma lenda ligada à mitologia dos aficionados por corrida, até que, em 2008, uma pesquisa realizada na Alemanha com atletas analisados antes e depois de intensa atividade esportiva comprovou sua validade.

A euforia do corredor é, portanto, um fenômeno real e se manifesta precisamente por meio da liberação de endorfinas no cérebro. O poder analgésico dessa substância também nos permite explicar a alta tolerância à dor frequentemente encontrada em atletas submetidos à intensa atividade física. Há muitos casos de maratonistas que continuam a correr apesar de fraturas ou traumas que, em outras condições, seriam insuportáveis. É o mesmo mecanismo com base no qual aqueles que ingerem grandes quantidades de pimenta tendem a ser menos sensíveis à dor; a propriedade anestésica da capsaicina é, de fato, bem demonstrada na literatura científica dos últimos anos.

Aqui, portanto, começa a se delinear o quadro dentro do qual interpretar o título deste capítulo. Como muitas outras plantas produtoras de substâncias que induzem a dependência, a pimenta também se baseou na química para se ligar ao mais poderoso e versátil dos vetores animais: o homem. O que, na minha opinião, torna essa planta ainda mais interessante é que, diferentemente de outras drogas vegetais que também agem no cérebro de outros animais, a capsaicina tem uma ação exclusiva em humanos. De fato, não há casos de outros mamíferos que gostem de comer frutos de pimenta.

Parece que no início da história evolutiva da capsaicina está sua capacidade de induzir na planta certa resistência a infecções fúngicas. Assim, nas áreas com maior número de ataques, os frutos de *Capsicum* naturalmente passaram a conter maior concentração desse alcaloide. Posteriormente, a circunstância afortunada de que as aves não tivessem o receptor responsável por provocar a mesma sensação de ardor que nos mamíferos resultou em mais uma vantagem evolutiva, favorecendo a dispersão da semente das plantas mais picantes. A capsaicina, de fato, afastava os mamíferos, que, com a mastigação, teriam destruído as sementes contidas na fruta e, diferentemente, não era percebida pelas aves, um vetor muito mais confiável, porque não mastigam as sementes e as transportam a uma distância maior. Mas a vantagem real da capsaicina foi, para a pimenta, a capacidade de se ligar ao homem, ou seja, seu vetor absoluto, por meio de uma dependência atípica.

Se minha teoria sobre a escravidão à qual o alcaloide submeteu a nós, mamíferos capsicófagos, ainda não os convenceu, vocês precisam dar um passeio por uma das milhares de feiras de pimenta que acontecem todos os anos ao redor do mundo. O ambiente que o capsicófago do terceiro milênio frequenta é diferente daquele da minha infância, tradicional e em trajes escuros; nas feiras, vocês podem conhecer novos adeptos enquanto estudam a composição de molhos com nomes de filmes de horror apocalíptico, usando bonés com a molécula de capsaicina estampada – os mais radicais chegam a tatuar a fórmula de sua estrutura na garganta – e camisetas nas quais se lê: A DOR É BOA. Se isso não lhe parece dependência...

O uso de pimenta continua crescendo em todo o mundo. Países tradicionalmente imunes ao falso prazer da culinária picante consomem em quantidades e formas impensáveis até poucos anos atrás. Portanto, a estratégia que essa espécie implementou para tornar o homem dependente e colocá-

-lo completamente a seu serviço mostrou-se bem-sucedida. Associar-se aos humanos permitiu-lhe se espalhar por todo o planeta em apenas alguns séculos; nenhum outro vetor poderia ter feito algo assim em tão pouco tempo. E no futuro ficará cada vez melhor. Afinal de contas, para uma viagem de endorfina é mais fácil, e muito menos cansativo, encarar um belo prato de pimenta em vez de uma corrida de 42 195 quilômetros.

Manipulação química

O exemplo da pimenta e seu alcaloide certamente não é um caso isolado. Muitos compostos químicos de origem vegetal atuam sobre o funcionamento do cérebro, e os mecanismos pelos quais essas moléculas psicoativas operam são bem explicados. O que não está claro é como esses compostos produzidos pelas plantas agem no cérebro dos animais. Em outras palavras: por que as plantas deveriam gastar energia na produção de moléculas que causam efeitos no cérebro dos animais?

As teorias neurobiológicas atuais sobre o uso de drogas baseiam-se na constatação de que todas as moléculas que causam dependência ativam uma área cerebral envolvida no gerenciamento de recompensas. Toda vez que fazemos algo útil para a sobrevivência, essa área muito antiga do cérebro – desenvolvida para ser ativada em resposta a estímulos como comida, água e sexo – nos recompensa com prazer, fazendo com que repitamos a ação. Agindo sobre o mesmo sistema, as drogas estimulam a reiteração do consumo da molécula que ativou o mecanismo de recompensa, criando então a dependência.

Todas as hipóteses sobre a origem das drogas vegetais, ao contrário, consideram os principais alcaloides (cafeína, nicotina etc.) neurotoxinas que teriam se desenvolvido para punir e desencorajar os herbívoros. De acordo com essa teoria, a evolução não deveria ter produzido compostos que, agindo sobre o mecanismo de recompensa, aumentassem o consumo das plantas. Em um contexto ecológico, essa aparente contradição é conhecida como o "paradoxo da recompensa das drogas" (*drug-reward paradox*). Se, no entanto, aceitarmos a ideia de que as moléculas neuroativas produzidas pelas plantas não são um mero obstáculo, mas uma ferramenta com a qual atrair os animais e manipular seu comportamento, então o paradoxo é facilmente resolvido, colocando a interação entre plantas e animais em um contexto ecológico muito diferente e abrindo novas perspectivas para a pesquisa neurobiológica de ferramentas efetivas para combater o uso de drogas.

Voltando ao néctar extrafloral do início do capítulo, as relações entre plantas e formigas, com sua longa história de coevolução, oferecem o modelo ideal para testar essa hipótese. E se, como acredito, pudermos mostrar que, mesmo na interação com formigas, a produção de moléculas neuroativas é utilizada pelas plantas para manipular seu comportamento, teremos mais uma prova dessa capacidade não desprezível. Uma habilidade que mudaria radicalmente nossa própria visão sobre as plantas: de seres simples, passivamente à mercê das necessidades animais, a complexos organismos vivos capazes de manipular o comportamento dos outros.

Uma boa inversão de papéis.

6

DEMOCRACIAS VERDES

A democracia se baseia na crença de que existem possibilidades extraordinárias em pessoas comuns.
HARRY EMERSON FOSDICK

Um governo popular, quando o povo não é informado ou não dispõe dos meios para adquirir informações, só pode ser o prelúdio de uma farsa ou tragédia, e talvez de ambas.
JAMES MADISON, *The Writings of James Madison* [Escritos de James Madison]

Hierarquias, autoridade, violação clara das leis da natureza devem ser abolidas. A pirâmide: Deus, o rei, os melhores, a plebe, adequada à base.
CARLO PISACANE, *La rivoluzione* [A revolução]

Algumas considerações preliminares sobre o corpo das plantas

Uma planta não é um animal. Embora essa afirmação possa parecer a quintessência da banalidade, descobri que é sempre bom lembrá-la. De fato, nossa única ideia de vida complexa e inteligente corresponde à vida animal; e como, inconscientemente, não encontramos nas plantas as características típicas dos animais, nós as catalogamos como passivas (justamente, "vegetais"), negando-lhes quaisquer habilidades típicas de animais, do movimento à cognição. É por isso que, olhando para qualquer planta, devemos sempre lembrar que estamos observando algo construído sobre um modelo totalmente diferente do animal. Um modelo tão diferente que, em comparação a ele, todas as formas alienígenas imaginadas em filmes de ficção científica são apenas engraçadas fantasias de criança.

As plantas não têm nada parecido conosco; são organismos diferentes, uma forma de vida cujo último ancestral comum aos animais remonta a 600 milhões de anos, época em que, emergindo das águas, a vida conquistou a terra. Plantas e animais se separaram, então, para tomar caminhos diferentes. Enquanto os animais se organizavam para se mover em terra, as plantas se adaptavam ao novo ambiente, permanecendo enraizadas no solo e utilizando a emissão inesgotável de luz solar como fonte de energia. A julgar pelo seu sucesso, nunca uma escolha foi tão feliz. Hoje não há ambiente neste planeta que não seja colonizado por plantas, e sua disseminação em relação ao total de seres vivos chega a ser constrangedora. Existem diferentes estimativas – muito variáveis, não é fácil avaliar o peso da vida – sobre a quantidade de biomassa vegetal na Terra, mas nenhuma atribui às plantas uma quantidade inferior a 80%. Em outras palavras, pelo menos 80% do peso de tudo que está vivo na Terra é composto de vegetais. Uma porcentagem que é a medida única e incontestável de sua extraordinária capacidade de afirmação.

A escolha inicial de permanecerem ancoradas ao solo condicionou todas as transformações subsequentes do corpo das plantas, que evoluíram com soluções tão diferentes das dos animais que é quase incompreensível para nós. O resultado é que as plantas não têm rosto, membros ou, em geral, qualquer estrutura reconhecível que as aproxime dos animais, o que as torna praticamente invisíveis. Nós as consideramos uma mera parte da paisagem. Vemos o que entendemos e entendemos apenas o que é semelhante a nós. A alteridade das plantas depende disso.

Mas como o modelo vegetal difere do animal? Quais são as características das plantas que as tornam tão distantes e incompreensíveis? A primeira enorme diferença é que, ao contrário dos animais, elas não têm órgãos únicos ou duplos aos quais as principais funções orgânicas são delegadas. Para uma planta enraizada no solo, sobreviver aos ataques dos predadores é um grande problema. Sem poder escapar como qualquer animal faria, a única possibilidade de sobrevivência é resistir à predação; não se curvar a ela. Fácil de dizer, muito difícil de conseguir. Para realizar esse milagre, é necessário ser construído de forma diferente da dos animais. É necessário ser uma planta e não possuir pontos fracos evidentes; ou pelo menos ter um número bem inferior aos dos animais. Ora, justamente, os órgãos são pontos fracos. Se uma planta tivesse um cérebro, dois pulmões, um fígado, dois rins e assim por diante, estaria fadada a sucumbir ao primeiro predador – mesmo minúsculo, como um inseto – que, atacando um desses pontos vitais, afetaria sua funcionalidade. É por isso que as plantas não possuem os mesmos órgãos que os animais, não por serem incapazes de desempenhar as mesmas funções, como alguém seria levado a pensar. Se as plantas tivessem olhos, ouvidos, cérebro e pulmões, ninguém duvidaria de que fossem capazes de ver, ouvir, calcular e respirar. Sem tais órgãos, precisamos de um esforço de imaginação para compreender suas capacidades refinadas.

Em geral, as plantas distribuem por todo o corpo as funções que os animais concentram em órgãos específicos. Descentralização é a palavra-chave. Ao longo dos anos, descobrimos que as plantas respiram com todo o corpo, veem com todo o corpo (falei sobre isso no capítulo "A sublime arte da mimese"), sentem com todo o corpo, calculam com todo o corpo e assim por diante. Distribuir todas as funções, tanto quanto possível, é a única maneira de sobreviver à predação, e as plantas têm conseguido fazê-lo tão bem que podem suportar sem problemas a remoção de parte do corpo sem perder a funcionalidade. O modelo vegetal não prevê um cérebro, que desempenha o papel de comando central, nem órgãos simples ou duplos que dependam dele. Em certo sentido, sua organização é a própria marca de sua modernidade: elas têm uma arquitetura modular, cooperativa e distribuída, sem centros de comando, capaz de suportar perfeitamente predações catastróficas e repetidas.

Um caso clássico, representativo da resistência das plantas, é a capacidade de sobreviver a incêndios. De fato, até para combater o fogo, elemento destrutivo por excelência, elas encontraram estratégias brilhantes. Existem plantas que toleram as chamas; algumas são resistentes, outras até ligaram o próprio ciclo vital e reprodutivo aos incêndios recorrentes em áreas de vegetação rasteira; em todos esses casos, a capacidade de combater o poder destrutivo do fogo tem algo de milagroso.

Trago aqui um exemplo, tirado da minha experiência pessoal. Passo as férias de verão em uma área do oeste da Sicília, onde cresce a *Chamaerops humilis*, a palmeira-anã, a única de origem europeia. Desde que frequento esses lugares, extensos incêndios muitas vezes devastaram as maravilhosas colinas com vista para o mar, cobertas de prósperas populações de palmeiras-anãs. A destruição ocorre em média a cada dois anos, com surpreendente regularidade (parece que os incendiários observam um programa de destruição bastante rígido...). Apesar desse desastre periódico ao qual não consigo me acostumar, as palmeiras estão sempre lá quando o fogo se apaga; algumas levemente queimadas, outras reduzidas a carvão, outras até incineradas. Em poucos dias, com a humildade esperada de seu nome, começam a produzir novas projeções; brotos em movimento de um verde brilhante – que se destaca em tom ainda mais próximo da esmeralda contra a extensão de cinzas negras – aparecem aqui e ali, surgindo de plantas que jamais se pensaria que se mantiveram vivas. É uma demonstração gritante de resistência à adversidade, resultado da organização das diferentes plantas; uma organização sem paralelo no mundo animal, propiciada precisamente pela ausência de um centro de comando e pela distribuição de funções.

Quem resolve problemas e quem os evita

Muitas das soluções desenvolvidas pelas plantas são exatamente o oposto das produzidas pelo mundo animal. Como em um negativo fotográfico, o que nos animais é branco nas plantas é preto e vice-versa: os animais se movem, as plantas ficam paradas; os animais se alimentam de outros seres vivos, as plantas alimentam outros seres vivos; animais produzem CO_2, as plantas fixam CO_2; os animais consomem, as plantas produzem, e poderíamos continuar por muito tempo essa comparação. Entre as muitas antinomias que os distinguem, a que considero decisiva é justamente a menos conhecida: o contraste entre concentração e distribuição que acabamos de citar.

Sem dúvida, a típica centralização dos sistemas animais garante maior rapidez no processo decisório. Entretanto, se responder de maneira rápida pode, em muitos casos, ser uma vantagem para um animal (mas, tenha cuidado, em outros, não: respostas ponderadas sempre exigem tempo), a velocidade é um fator marginal na vida vegetal. O que importa para elas não é tanto responder rápido, mas responder bem, de forma a resolver os problemas. À primeira vista, parece arriscado, ou mesmo irracional, afirmar que as plantas são capazes de encontrar soluções melhores que as dos animais. No entanto, estamos realmente certos quanto à superioridade dos animais na resolução de problemas?

Estudando o tema com cuidado, percebe-se que os animais respondem às mais diversas tensões utilizando sempre a mesma solução, uma espécie de moldura para enfrentar qualquer emergência. Essa reação milagrosa tem um nome: movimento. Uma resposta poderosa, como um bom trunfo que resolve tudo. Qualquer que seja o problema, os animais o resolvem movendo-se. Se não há alimento, vai-se aonde pode ser encontrado; se o clima ficar muito quente, muito frio, muito úmido ou muito seco, migra-se para onde as condições são mais adequadas; se os competidores aumentam em número ou se tornam cada vez mais agressivos, muda-se para novos territórios; se não houver parceiros com quem se possa reproduzir, move-se para encontrá-los. A lista é longa; poderia conter até mil emergências, para as quais há sempre e apenas uma solução, a fuga. Entretanto, a rigor, isso não é uma solução, no máximo, uma maneira de evitar a dificuldade. Os animais, portanto, não resolvem problemas; de maneira mais eficiente, eles os evitam, e tenho certeza de que cada um de nós poderia enriquecer a lista de casos que apoiam essa afirmação com inúmeras experiências pessoais.

Como o movimento é um recurso crucial para os animais – mesmo em situações perigosas, a fuga é a resposta típica –, a evolução tem trabalhado implacavelmente, por centenas de milhões de anos, para refinar essa capacidade para que funcione da melhor forma, rapidamente e sem contratempos. Nessa perspectiva, uma organização hierárquica do próprio corpo, com um comando central ao qual cada decisão é confiada, é o melhor que se pode esperar.

Para os vegetais, no entanto, a questão da velocidade é irrelevante. Mesmo que o ambiente em que uma planta vive se torne frio, quente ou cheio de predadores, a velocidade da resposta animal não tem significado para ela. Muito mais importante é encontrar uma solução eficaz para o problema; algo que lhe permita sobreviver *apesar* do calor, do frio ou da presença de predadores. Para ter sucesso nessa tarefa difícil, é preferível uma organização descentralizada. Como veremos, isso permite respostas mais inovadoras e, estando literalmente enraizada, um conhecimento muito mais refinado do ambiente.

Para formular respostas corretas, é essencial coletar dados exatos. As plantas, devido à escolha séssil, desenvolveram uma sensibilidade excepcional. Sem poder escapar do meio ambiente, sobrevivem apenas porque conseguem sempre, e com grande refinamento, perceber uma multiplicidade de parâmetros químicos e físicos, como luz, gravidade, elementos minerais disponíveis, umidade, temperatura, estímulos mecânicos, estrutura do solo e composição dos gases atmosféricos. Em cada caso, a força, a direção, a duração, a intensidade e as características específicas do estímulo são discriminadas separadamente pela planta. Mesmo os sinais *bióticos* (isto é, devido a outros seres vivos), como a proximidade ou o afastamento de outras plantas, a identidade de tais seres e a presença de predadores, simbiontes ou patógenos, são todos fatores de estresses, de natureza às vezes complexa, que a planta não para de registrar e aos quais ela sempre responde de forma adequada. Essa é mais uma confirmação de que associar a ideia de vegetal à falta de sensibilidade é uma enorme estupidez.

Assim, enquanto os animais reagem com movimento às transformações do ambiente que os rodeia, evitando mudanças, as plantas respondem a um contexto em mutação contínua com a adaptação.

Enxames de raízes e insetos sociais

Há um mistério que ainda precisa ser esclarecido: como as plantas sobrevivem sem o cérebro, órgão que está na base de toda resposta animal? Que sistemas elas usam em lugar dele? E, de maneira mais geral, como elas reagem às demandas constantes do ambiente, encontrando soluções acertadas? A resposta requer uma exposição bem articulada, que parte do órgão mais importante para os seres enraizados: justamente as raízes.

O sistema radicular é, sem dúvida, a parte mais importante da planta. É uma rede física cujas extremidades formam uma frente que avança continuamente, composta de inúmeros centros de comando minúsculos, e cada um deles integra as informações reunidas durante o desenvolvimento da raiz e decide em qual direção crescer. É, portanto, todo o sistema radicular que guia a planta, como uma espécie de cérebro coletivo, ou melhor, de inteligência distribuída em uma superfície que pode ser enorme. À medida que cresce e se desenvolve, cada raiz adquire informações fundamentais para a nutrição e a sobrevivência das plantas. Essa frente pode alcançar dimensões verdadeiramente impressionantes. Uma unidade de centeio é capaz de desenvolver centenas de milhões de ápices. Um dado extraordinário e, ainda, insignificante quando comparado ao sistema radicular de uma árvore adulta; a esse respeito, não temos dados confiáveis, mas sem dúvida trata-se de vários bilhões de raízes. Sabe-se que, em um único centímetro cúbico de solo florestal, foram contados mais de mil ápices, mas não temos estimativas realistas de quantos ápices de uma árvore adulta há em um ambiente natural. A falta de dados diz muito sobre as dificuldades encontradas no estudo dessa parte oculta das plantas. Até hoje, a falta de técnicas ou de ferramentas capazes de registrar os movimentos das raízes é o maior obstáculo ao progresso da pesquisa sobre o comportamento vegetal. Para adquirir certo conhecimento, de fato, seriam necessários sistemas de análise não invasivos e contínuos da imagem tridimensional de todo o sistema radicular; sistemas que ainda estão por vir.

Apesar das limitações técnicas, nos últimos anos o estudo das raízes revelou aspectos inesperados do seu funcionamento, por exemplo, no que diz respeito aos mecanismos e modelos utilizados por elas na exploração do solo. Esses procedimentos se mostraram tão eficientes que foram estudados como modelo para a construção de novos robôs. Na ausência de mapas predefinidos ou de pontos de orientação, a exploração de ambientes desconhecidos não é uma tarefa para instrumentos dotados de organização centralizada. Pelo contrário, um sistema descentralizado, composto de vários pequenos "agentes" exploradores que operam em paralelo, consegue sondar o solo de maneira mais eficiente que um único robô, mesmo que ele seja muito sofisticado.

Como no caso que acabamos de descrever, nos últimos anos cada vez mais confiamos no estudo de soluções encontradas na natureza para responder a problemas tecnológicos. E não me refiro apenas ao mundo vegetal. Numa perspectiva bioinspirada, os insetos sociais são um bom exemplo de organismos capazes de patrulhar coletivamente espaços desconhecidos – portanto, modelos e inspiração direta.

Muitos animais que agem em grupos mostram um comportamento especial. É o caso dos enxames de insetos ou dos bandos de pássaros, que, em interações relativamente simples, parecem agir como um único organismo. Comportamentos coletivos semelhantes tornaram-se um campo de pesquisa cada vez mais importante; não apenas pelos conhecimentos básicos adquiridos sobre o funcionamento dos grupos, mas também pelas possibilidades práticas que se abrem, permitindo que os mesmos sistemas sejam aplicados às mais variadas soluções tecnológicas. A vantagem que produz é dupla: tais estruturas são, por um lado, particularmente estáveis (na verdade, sem um verdadeiro centro de cálculo ou comunicação, elas podem suportar tensões de vários tipos); por outro, são fáceis de projetar e de operar porque se baseiam, até mesmo para o desenvolvimento de comportamentos aparentemente muito complexos, em regras simples para transmitir informações entre cada agente explorador.

Pois bem, durante muito tempo pensou-se que esses coletivos (enxames, bandos, rebanhos etc.) eram formados apenas por animais. No entanto, em um nível mais abstrato, qualquer conjunto de agentes individuais que decidem, de maneira independente, que não possuem uma organização centralizada, usam regras simples para se comunicar e agem coletivamente se assemelha a esse tipo de comunidade. E esse também é o caso das plantas, cuja estrutura modular pode ser equiparada a uma colônia de insetos.

Considerar a planta uma colônia de partes modulares não é uma ideia nova. Na Grécia antiga, o filósofo e botânico Teofrasto [372–287 a.C.] observou que "a repetição é a essência da planta", enquanto no século XVIII ilustres botânicos como Erasmus Darwin e Johann Wolfgang von Goethe (sim, aquele das *afinidades eletivas*) acreditavam que as árvores deveriam ser consideradas colônias de módulos que se repetem. Mais recentemente, o botânico francês Francis Hallé descreveu as plantas como organismos metamórficos cujo corpo é constituído por um conjunto de partes unitárias, de modo que a recorrência dos módulos e a repetição dos níveis hierárquicos em um sistema radicular permitiram estudar as raízes com os métodos típicos da análise fractal.

Assim, observando o comportamento de um sistema de raízes envolvido na exploração do solo, percebe-se que, mesmo na ausência de um sistema nervoso central, seu modelo de crescimento não é de todo caótico; na verdade, é perfeitamente coordenado e projetado para a tarefa que deve executar. As raízes têm, por exemplo, uma capacidade surpreendente de perceber gradientes muito fracos de oxigênio, de água, de temperatura e, em geral, de nutrientes e de acompanhá-los até a fonte com grande precisão. Como elas são capazes de fazê-lo sem se desviarem das variações locais, muito comuns, no entanto, permanece um mistério.

Assim, há alguns anos, com o colega František Baluška, decidimos estudar as raízes como um organismo coletivo, considerando-as um bando de pássaros ou uma colônia de formigas. Essa abordagem provou ser muito eficaz, confirmando que a estrutura do sistema radicular e a maneira como ele sonda o terreno e explora seus recursos podem ser descritas com grande precisão usando padrões comportamentais de enxames, semelhantes àqueles adotados para o estudo de insetos sociais. Para uma única formiga, a navegação seguindo um gradiente muito pequeno é uma tarefa quase impossível. Qualquer variação local nesse dado, de fato, levaria o inseto a se perder sem a possibilidade de encontrar uma solução. No entanto, agindo coletivamente, uma colônia supera com facilidade esse obstáculo, pois funciona como uma grande matriz integrada de sensores que processam continuamente as informações recebidas do ambiente. Descobrimos assim que, como em uma colônia de formigas, os ápices das raízes agem todos juntos, minimizando o distúrbio decorrente de flutuações locais.

E, como para uma colônia de insetos, também é muito provável que o protocolo de transmissão de informação entre um ápice radicular e outro, ou seja, entre agentes autônomos diferentes, seja baseado em *estigmergia*. Esse termo refere-se a uma técnica típica de sistemas sem controle centralizado, que adota as mudanças do ambiente como ferramenta de comunicação. Exemplos típicos de estigmergia têm sido observados na natureza no caso de formigas ou cupins, que, movidos por traços químicos de feromônios, executam trabalhos maravilhosamente complexos, como a criação de ninhos com arcos, pilares, compartimentos e rotas de fuga a partir de simples bolinhas de lama. A estigmergia, no entanto, não funciona apenas para insetos, e até mesmo a comunicação pela internet, com mensagens deixadas pelos usuários em um ambiente compartilhado, lembram muito esse método de comunicação.

As plantas são, portanto, organismos capazes de usar as propriedades surgidas a partir das interações entre grupos para responder aos problemas e adotar soluções até mesmo muito complexas. Além disso, essa capacidade, devido à organização distribuída e à ausência de níveis hierárquicos, é tão eficaz que está presente em quase toda parte na natureza, incluindo inúmeras manifestações do comportamento humano.

Atenienses, abelhas, democracia e módulos vegetais

Como muitos sabem, o termo democracia vem do grego (*krátos* do *démos*, ou "domínio do povo") e descreve com paixão e precisão aquela maravilhosa transformação na gestão do poder que Atenas deu à humanidade por volta de 500 a.C. e que desde então é a pedra angular sobre a qual se edificou a nossa civilização. Talvez menos conhecido seja o fato de que, desde então, o próprio conceito de democracia, e, portanto, o sistema pelo qual o povo manifesta seu poder, foi muito transformado. A tal ponto que, se um ateniense do período clássico acordasse hoje em qualquer país "democrático" do mundo, teria grande dificuldade em reconhecer até mesmo afinidades com o sistema de governo ao qual estava acostumado.

O corpo soberano da democracia ateniense consistia na chamada assembleia (*ecclesía*), formada por todos os cidadãos maiores de dezoito anos de idade. Suas decisões, tomadas por maioria, tinham valor definitivo nas atividades legislativas e governamentais. Em resumo, a democracia ateniense era direta, sem intermediários na administração do poder. Uma diferença enorme em comparação aos sistemas aos quais estamos acostumados e que mais corretamente levam o nome de democracia representativa.

Se é melhor gerenciar diretamente o poder ou se é mais eficiente delegar o ônus de fazer escolhas aos representantes tem sido objeto de discussões acaloradas desde os tempos antigos. Em *Protágoras*, por exemplo, Platão descreve um Sócrates fortemente crítico em relação à capacidade do povo, sem conhecimento adequado, de decidir sobre questões da vida pública. A respeito do tema, diz Sócrates:

> Mas vejo que, quando nos reunimos na assembleia e a cidade tem que deliberar sobre a construção de um edifício, os arquitetos são chamados como conselheiros, e, quando se trata de navios, chamam os construtores navais, e assim por diante para todas as outras coisas que eles acreditam que podem aprender e ensinar; e se alguém que eles não consideram um especialista tenta dar conselhos, mesmo que seja belo, rico e nobre, não lhe dão atenção, mas riem e assobiam na cara dele, até que pare espontaneamente de tentar dar conselhos, ou os arqueiros o levam embora e o expulsam por ordem dos prítanes. No que diz respeito às coisas segundo a opinião deles, são baseadas na Arte, portanto, os atenien-

105

ses se comportam assim; em vez disso, quando se trata de decidir sobre algo relativo à administração da cidade, ouvem conselhos do arquiteto, do ferreiro, do sapateiro, do comerciante, do armador, dos ricos, dos pobres, dos nobres, dos plebeus, indiferentemente, e ninguém os responsabiliza por isso, como acontecia com os de antes, porque sem ter aprendido com ninguém e sem ter sido aluno de ninguém, eles também tentam dar conselhos. Está claro, portanto, que [os atenienses] não acreditam que [a capacidade de administrar a cidade] possa ser ensinada.

O raciocínio de Sócrates – contrário ao princípio de que o povo ateniense tenha a última palavra sobre tudo o que diz respeito à vida da *polis* – ressoará em todas as críticas à administração direta do poder pelo povo, pelo modo como ela foi incorporada desde os tempos do esplendor ateniense até hoje. Mesmo o fato de a democracia direta ter determinado o período talvez mais fecundo da história da humanidade é tido como um detalhe marginal pelos detratores desse sistema. Os defensores das oligarquias (mesmo aqueles contemporâneos a nós) consideram, no entanto, mais interessantes e eficazes os argumentos que definem como "naturais": em resumo, argumenta-se frequentemente que a formação de hierarquias – em palavras simples, a lei do mais forte ou a floresta – é inerente à natureza. De leis como essas, embora desagradáveis, não poderíamos escapar. Em *Górgias*, outro famoso diálogo de Platão, Cálicles afirma que "a lei é feita pelos fracos e para eles. Mas a própria natureza mostra que, para sermos justos, aquele que vale mais deve prevalecer sobre aquele que vale menos, o capaz sobre o incapaz".

Uma questão de tal complexidade, é claro, não está exatamente nesses termos. É preciso limpar do terreno um lugar--comum equivocado: na natureza, são raras as hierarquias, entendidas como indivíduos ou grupos, que decidem pela comunidade. Nós as vemos em toda parte porque olhamos para a natureza com os olhos de seres humanos. Mais uma vez, nossos olhos só veem o que parece ser semelhante a nós e ignoram tudo o que é diferente de nós.

Não apenas as oligarquias são raras, as hierarquias imaginárias e a chamada lei da floresta, um reles disparate; o mais relevante é que estruturas como essas não *funcionam bem*. Na natureza, grandes organizações distribuídas, sem centros de controle, são sempre as mais eficientes. Os recentes avanços da biologia no estudo dos comportamentos grupais indicam, sem sombra de dúvida, que as decisões tomadas por um grande número de indivíduos são quase sempre melhores que as adotadas por poucos. Em alguns casos, a capacidade dos grupos de resolver problemas complexos é surpreendente. A ideia de que a democracia é uma instituição contrária à natureza, portanto, permanece apenas como uma das mais sedutoras mentiras inventadas pelo homem para justificar a sua – antinatural – sede de poder individual.

Consideremos as comunidades animais. Continuamente, elas devem tomar decisões sobre qual direção seguir, quais atividades iniciar ou como implementá-las. Quais são seus padrões comportamentais nesses casos? As decisões são confiadas à iniciativa de um ou de alguns, de acordo com o esquema esclarecido por Larissa Conradt e T. J. Roper como "despótico", ou são compartilhadas pelo maior número possível de indivíduos, de acordo com um modelo "democrático"? No passado, a maioria dos estudiosos teria respondido sem hesitação: as decisões no mundo animal são responsabilidade exclusiva de um ou de alguns membros.

A razão, banal, sobre a qual se baseava a certeza dessa resposta dependia do fato de que a possibilidade de tomar decisões democráticas geralmente está ligada a duas habilidades:

votar e saber contar os votos, características não exatamente óbvias em animais não humanos. Tanto que, até recentemente, devido a esse obstáculo intransponível, qualquer raciocínio sobre possíveis mecanismos de decisão em grupo em outras espécies diferentes do homem era considerado impossível. Nos últimos anos, no entanto, a identificação de movimentos corporais específicos, emissões sonoras, posições no espaço, intensidade de sinal e mais uma miríade de meios de comunicação não verbais abriram perspectivas inimagináveis em relação à capacidade dos animais de tomar decisões em grupo.

Em 2003, os já citados Conradt e Roper publicaram um estudo sobre os métodos com os quais os animais implementam escolhas compartilhadas. É um trabalho esclarecedor. Os dois autores reiteram que as decisões em grupo são a norma para o mundo animal e identificam no mecanismo "democrático" de participação o método mais frequente de se tomá-las. Ao contrário do modo "despótico", de fato, o mecanismo democrático assegura custos mais baixos para os membros da comunidade. Mesmo quando o "déspota" é o indivíduo mais experiente, se o grupo é suficientemente grande, a prática democrática garante melhores resultados. Resumindo, a participação na tomada de decisões é o sistema que a evolução mais recompensa; as escolhas de grupo respondem melhor às necessidades da maioria dos membros da comunidade, até mesmo em relação àquelas de um "líder esclarecido". Como escrevem Conradt e Roper, "as decisões democráticas são mais benéficas para o grupo, pois tendem a produzir decisões menos extremas".

Para entender melhor as dinâmicas do comportamento em uma estrutura animal, tomemos as abelhas como um exemplo concreto. Sua predisposição para agir de maneira social é tão mencionada que, desde a Antiguidade – e bem antes que expressões como "inteligência de enxame" ou "inteligência coletiva" fossem imaginadas –, ficou claro para quem as estudasse como sua colônia é algo muito mais complexo do que a simples soma dos diferentes indivíduos que a compõem. As abelhas, de fato, mostram uma organização que, em seu mecanismo básico, lembra o funcionamento do cérebro, com um único indivíduo desempenhando o papel do neurônio. Essa semelhança ocorre sempre que o enxame tem que tomar decisões, como no caso da formação de uma colônia filha.

Quando uma colmeia excede certo tamanho, é necessário que a colônia mãe se separe para criar uma nova. Então uma abelha-rainha, acompanhada por cerca de 10 mil operárias, sai em busca de um lugar para fundar a nova colmeia. As abelhas migrantes voam, viajam até se afastarem bastante da colmeia mãe, então param por alguns dias em uma árvore e fazem algo surpreendente. Algumas fêmeas vasculham os arredores e voltam com informações sobre as diferentes possibilidades. Tem início, então, um verdadeiro debate democrático, no estilo ateniense clássico.

Como escolher entre muitos o melhor lugar para estabelecer a nova colônia? Usando o sistema que evoluiu, várias vezes e nas mais diversas circunstâncias, para tomar decisões: os grupos. A natureza mostra milhares e milhares de exemplos de comportamento coletivo; sistemas sem um centro de controle estão em toda parte. Embora não tenhamos consciência disso, até as decisões individuais (aquelas que pertencem a cada um de nós) são tomadas coletivamente: os neurônios do cérebro, que produzem pensamentos e sentimentos, funcionam da mesma forma que as abelhas que precisam determinar qual é o melhor lugar para sua casa nova. Em ambos os sistemas, o método de escolha consiste essencialmente em uma competição entre as diferentes opções. A que obtém o consenso mais amplo prevalece, seja ela determinada por neurônios que produzem sinais elétricos ou por insetos dançantes.

109

Mas não percamos de vista as abelhas. Nós as deixamos esperando em uma árvore, enquanto algumas exploradoras avaliavam as diferentes opções. E agora elas retornam para relatar as características dos locais visitados para o enxame. O relatório é bastante teatral, pois trata-se de uma dança; o grau de complexidade do balé será proporcional a quanto a exploradora tenha considerado agradável o local de onde ela acabou de voltar. A essa altura, outras abelhas, atraídas pela qualidade da dança, vão visitar o local em questão e, ao retornarem, juntam-se ao balé de propaganda. Em síntese, formam-se grupos de abelhas dançantes cada vez maiores; os locais mais divulgados também serão os mais visitados, e gradualmente o número de apoiadoras aumentará. Um balé irresistível interessará às diversas companhias de dança, representando os diferentes locais; no final, o que tiver convencido mais abelhas será escolhido para a colmeia se instalar. A rainha, com seu enxame, seguirá na direção estabelecida pelo grupo maior.

Em todos esses casos, a exploração das abelhas, as ativações neuronais ou as decisões da eclésia ateniense, o vencedor da competição é o que obtém o maior número de consentimentos dos membros de sua comunidade. Além disso, um número crescente de estudos sobre o comportamento de grupos, conduzidos em organismos vivos que variam de bactérias a seres humanos (obviamente incluindo plantas), parece convergir para uma conclusão que me parece de grande importância: existem princípios gerais que governam a organização de grupos de modo a possibilitar o surgimento de uma inteligência coletiva superior à dos indivíduos que os compõem. Se vocês ainda ouvirem o clichê banal segundo o qual a lei do mais forte se aplica à natureza, saibam que isso é um absurdo: na natureza, tomar decisões compartilhadas é a melhor garantia para resolver corretamente problemas complexos.

O teorema do júri

Como já disse, há uma semelhança surpreendente entre as abelhas envolvidas em decidir qual é o local mais adequado para estabelecer uma nova colmeia e os neurônios do cérebro humano ocupados em considerar as alternativas de um problema. Tanto os enxames quanto o órgão estão organizados de tal maneira que, embora cada unidade – abelha ou neurônio, não faz diferença – tenha as informações mínimas e inteligência individual, o grupo como um todo é capaz de tomar decisões corretas. Em ambos os casos, a escolha é feita por meio de uma verdadeira votação democrática entre os membros do grupo. O maior número de abelhas que visitaram um local, ou o maior número de neurônios que produziram sinais elétricos, tomará a decisão final. Isso significa, vamos nos lembrar, que até as opções pessoais são o resultado de um processo de escolha democrática, como acontece em toda parte na natureza. O fato de se desenvolverem sistemas semelhantes em situações em que há coletivos atesta a existência de princípios gerais de organização que tornam *os grupos mais inteligentes do que os indivíduos mais inteligentes que os compõem*.

Em 1785, Marie Jean Antoine Nicolas de Caritat, marquês de Condorcet, renomado economista, matemático e revolucionário francês, elaborou uma teoria sobre as probabilidades de que um determinado grupo de indivíduos adote uma decisão correta. É o chamado teorema do júri, segundo o qual conforme o número de jurados aumenta, cresce a probabilidade de que o grupo decida da maneira correta. Segundo Condorcet, portanto, a eficácia de um júri é diretamente proporcional ao número de membros, se forem pelo menos hábeis e competentes. Em resumo: em um grupo que lida com a resolução de um problema, as chances de alcançar a melhor solução aumentam conforme o seu tamanho.

Pareceria apenas uma transposição matemática banal do conhecido ditado "duas cabeças pensam melhor que uma" e, em vez disso, foi o começo de uma revolução. Condorcet elaborara sua reflexão para dar uma base sólida aos processos de decisão democrática relacionados à política; no entanto, seu teorema mostrou-se de fato ser muito mais, constituindo a fundamentação teórica para todos os estudos posteriores sobre inteligência coletiva. Essa mesma inteligência que nasce da interação de grupos, que já vimos agindo em raízes e em insetos e que também é a matriz do funcionamento do cérebro.

Qualquer grupo humano, de famílias a empresas, de equipes esportivas a exércitos, experimentou essa prerrogativa. Hoje, graças ao compartilhamento garantido pela internet, a humanidade está se tornando toda interconectada. O que vai se desenvolver a partir da união de tantas pessoas? A conexão global representa um novo estágio de evolução e pode permitir que nossa espécie adquira novas e inimagináveis capacidades. Grupos interligados de pessoas e computadores já estão gerando novas possibilidades nos mais diversos campos: a escrita de códigos de software, a solução de problemas de engenharia, a identificação de pessoas que mentem, a criação de enciclopédias... A lista de casos para os quais se recorre à inteligência coletiva aumenta dia a dia.

Por inteligência coletiva, portanto, entendemos a capacidade dos grupos de alcançar resultados superiores aos obtidos com decisões individuais, sobretudo na resolução de problemas complexos; um princípio cujas possibilidades de aplicação são muito promissoras. Recentemente, uma equipe de trabalho, coordenada por Max Wolf, do departamento de biologia e ecologia de peixes (não por acaso um especialista em comportamento coletivo) do Instituto Leibniz, em Berlim, publicou os resultados de uma pesquisa detalhada com grupos médicos especialistas sobre a capacidade de diagnosticar, com certeza, o câncer de mama com base em radiografias. É uma tarefa que normalmente prevê em torno de 20% de falsos positivos e 20% de falsos negativos. Wolf mostrou que as equipes médicas, usando ferramentas típicas de inteligência coletiva, como a votação majoritária com quórum, obtêm resultados de diagnóstico melhores do que os dos médicos mais prestigiados do grupo individualmente.

Capacidades análogas também foram usadas recentemente na solução de problemas científicos, com resultados inesperados em diferentes campos (como a estrutura das proteínas ou as propriedades dos nanomateriais). Em abril de 2016, alguns físicos dinamarqueses da Universidade de Aarhus mostraram que, a partir das capacidades de dezenas de milhares de jogadores de games on-line, é possível resolver problemas de física quântica cujas soluções vinham sendo buscadas havia décadas.

O que acontecerá, então, nos próximos anos se aprendermos cada vez mais a explorar o poder dos grupos? Estamos apenas no começo de uma revolução que tem muito a nos ensinar sobre a verdadeira natureza da inteligência, e isso sempre envolverá agrupamentos maiores de indivíduos na resolução de problemas e na realização de objetivos que são impossíveis hoje em dia.

O jogo duplo da lógica

Não é fácil reconhecer que a maioria dos seres vivos toma decisões, resolve problemas e se adapta a condições em constante mudança sem ter um cérebro. No entanto, as plantas o fazem, contando com mecanismos de inteligência distribuída tão eficientes que são adotados até pela maioria (se não a totalidade) dos seres vivos, incluindo os humanos. O fato de terem cérebro ou não é irrelevante para esse propósito.

Pode parecer estranho, mas muitas das decisões que tomamos não resultam de raciocínio nem de lógica, como gostamos de pensar, mas, sim, de mecanismos semelhantes aos descritos neste capítulo. Nós os chamamos de instintos e, embora eles sejam a base de nossas escolhas, tendemos a removê-los porque não queremos reconhecer que eles afetam nossas atividades. Gostamos de nos imaginar como seres da razão pura, guiados por uma inteligência que admite apenas as leis cristalinas da lógica. Todas as evidências experimentais, no entanto, dizem o contrário. Quantas vezes, em discussões acaloradas sobre a inteligência das plantas, diante de comportamentos inequívocos, eu ouvi dos meus interlocutores: "Mas estas respostas que o apaixonam são todas obrigatórias, instintivas, e não o resultado do raciocínio e da lógica, o único sinal verdadeiro de inteligência". Gostamos de acreditar que analisamos logicamente os fatos antes de tomar decisões, que somos cuidadosos, reflexivos e analíticos e que respondemos aos problemas de maneira pensada, mas na realidade não é bem assim: a maioria de nossas atividades é inconsciente e baseada em processos alheios a qualquer racionalidade. Para mostrar isso, volto no tempo e apresento breves textos de duas grandes figuras do mundo anglo-saxão nos séculos XVIII e XIX.

Em 1779, Jonathan Williams escreveu ao tio-avô Benjamin Franklin [1706–1790] pedindo-lhe conselhos sobre como se comportar diante de determinada questão. A carta de resposta de Franklin é frequentemente citada como um baluarte do pensamento racional. Aqui está, em seus principais pontos:

Passy, 8 de abril de 1779

Querido Jonathan, muito trabalho, muitas interrupções de amigos e as consequências de uma pequena indisposição causaram o atraso com que respondo às suas últimas cartas.

[...] não sei aconselhá-lo sobre a proposta do sr. Monthieu. Siga seu julgamento. Se tiver alguma dúvida, anote em uma folha de papel todos os aspectos favoráveis e todos os contrários, em colunas opostas, e depois de tê-los considerado por dois ou três dias, realize uma operação semelhante à de alguns problemas de álgebra; observe quais razões ou justificativas em cada coluna têm igual peso, uma com uma, uma com duas, duas com três e assim por diante; e, quando você eliminar todas as igualdades dos dois lados, verá em qual coluna resta o excedente. [...] tenho praticado esse tipo de álgebra moral em situações importantes e duvidosas e, embora não possa ser considerado matematicamente exato, achei muito útil. A propósito, se você não aprendê-la, acredito que nunca vai se casar.

Sempre seu, o tio afeiçoado,
Benjamin Franklin

Uma das aplicações mais famosas dessa álgebra moral, ou jogo duplo da razão, encontramos nos cadernos de Charles Darwin. Na verdade, não faço ideia se ele conhecia a formulação de Franklin ou não; ele certamente conhecia muitas das contribuições dele para o avanço da ciência e da tecnologia, mas acho improvável que tenha lido suas cartas particulares. No entanto, a coincidência é fascinante: o problema que angustiou Darwin meio século depois foi justamente se deveria se casar ou não. O desfecho da carta de Franklin parece ter sido escrito especialmente para ele. Em todo caso, conhecendo ou não o "método Franklin", em 7 de abril de 1838, Charles Darwin, aos 29 anos de idade, em uma folha dividida em duas colunas, "Casar" e "Não casar", escreveu uma lista detalhada de prós e contras ao casamento. É a seguinte:

Casar

- Crianças (se Deus quiser).
- Uma companheira fiel (amiga na velhice) que se interessa por mim.
- Objeto de amor e diversão.
- De qualquer forma melhor que um cachorro.
- Uma casa e alguém para cuidar dela.
- A música e a linguagem feminina.
- Essas coisas são boas para a saúde, mas são uma terrível perda de tempo.
- Mas, Deus, é intolerável pensar em empregar toda uma vida, como uma abelha operária, para trabalhar, trabalhar, trabalhar e, no final, nada. Não, não, está errado. Imagine viver toda a vida sozinho em uma casa suja e enfumaçada em Londres. Em vez disso, pense em uma esposa doce e terna, um sofá, uma bela lareira, livros e talvez música. Comparar essa visão com a suja realidade de Grt. Marlboro Str.
- Casar, casar, casar.

Não casar

- Liberdade para ir aonde quiser.
- Conversar com homens inteligentes no clube.
- Não precisar visitar parentes e ceder a qualquer bobagem.
- Não ter preocupações econômicas ou ansiedades sobre filhos.
- Talvez brigas e perda de tempo.
- Não poder ler à noite.
- Gordura e ócio.
- Ansiedade e responsabilidade.
- Menos dinheiro para comprar livros.
- Se muitos filhos, a obrigação de ganhar o pão (também é verdade que faz mal à saúde trabalhar muito).
- Talvez minha esposa não goste de Londres. Então a sentença seria exílio e rebaixar-se a ser um idiota preguiçoso e indolente.

Vocês acham que ter identificado em detalhes os diferentes aspectos do problema, tê-los listado mais ou menos em ordem de importância nas duas colunas e identificado "o excedente" ajudou Darwin a fazer sua escolha? E qual vocês acham que foi? Olhando para as duas colunas, é difícil apoiar as razões para se casar. Um maior número de elementos e de maior peso parece estar na coluna da direita, a dos argumentos contrários. No entanto, como bilhões de outros seres humanos antes dele, apesar das dúvidas e das aplicações da álgebra racional, menos de seis meses depois de ter feito essa lista, Charles Darwin se casou, entusiasmado, com a graciosa, culta e rica Emma Wedgwood, sua prima. Resultado: dez filhos e um casal que, a julgar pela correspondência e pelos depoimentos da época, foi muito feliz.

Embora cada um de nós acredite que as decisões ponderadas racionalmente – tomadas após ter examinado todas as informações disponíveis e avaliar todos os prós e os contras – são as melhores, porque garantem maior probabilidade de se alcançar o resultado esperado, na realidade, a maioria das decisões depende de regras diferentes. Não irracionais, mas de uma racionalidade diferente daquela que santificamos todos os dias idealizando o pensamento lógico; a racionalidade que partilhamos com as plantas, fruto da experiência evolutiva, e não do escrutínio cuidadoso do glorificado córtex cerebral.

Organização e caos

Benjamin Franklin não foi apenas o criador da álgebra moral. Ficou marcado na história como um símbolo do gênio eclético e produtivo. Entre os pais fundadores dos Estados Unidos, ele contribuiu para a criação da primeira biblioteca pública americana; fundou uma faculdade e uma equipe de brigada de incêndio; foi tipógrafo, embaixador na França, político, cientista, o primeiro diretor dos correios dos Estados Unidos e até governador da Pensilvânia, bem como inventor do para-raios, das lentes bifocais e de uma estufa especial que não produz fumaça.

Enfim, um homem excepcional, dotado de enorme talento e criatividade, mas também afligido por um defeito que não tolerava: a total incapacidade de ser organizado. Aqueles que visitavam seu estúdio ficavam impressionados com o completo caos de documentos espalhados por toda parte nas mesas, na estante de livros, no chão. Franklin ficava profundamente angustiado. Ele adorava repetir: "Que tudo esteja em seu lugar e que tudo seja feito na hora certa"; e a incapacidade de aplicar sua máxima favorita foi experimentada como um verdadeiro defeito moral. Ao longo da vida, ele repetidamente tentou se libertar desse ponto fraco, mas os resultados foram sempre mal-sucedidos, o bastante para fazê-lo escrever: "A ordem é a coisa que mais me causou problemas. Minhas falhas em relação a isso me aborreceram muito". E, no entanto, se olharmos para a quantidade de resultados inigualáveis obtidos em campos tão diversos e com tamanha abundância, pareceria que a falta de ordem e a organização caótica do trabalho não impediram Franklin de expressar sua genialidade.

Com exemplos desse tipo, é preciso se perguntar se ser organizado é realmente uma virtude. Certamente, para um bibliotecário ou arquivista, ou para qualquer pessoa que precise guardar grandes quantidades de material, independentemente de sua relevância, ser desorganizado significa não saber como realizar seu trabalho. Mas quando não se pertence a uma dessas categorias, ordenadas por definição, é correto associar o conceito de desordem a algo negativo, a um defeito? Ser ordenado significa responder a uma organização mental hierárquica na qual, como Franklin recordou, "tudo está em seu lugar". O problema, no entanto, é saber qual é o lugar certo para cada coisa.

Pensemos apenas nos documentos que inundam nossa escrivaninha. Qual é o sistema certo para catalogá-los? Quão amplas devem ser as categorias? Deixem-me dar um exemplo pessoal. Leciono na Universidade de Florença e, portanto, pertenço a uma classe de pessoas submetidas a uma burocracia exaustiva. O resultado é que todos os dias são depositados sobre minha mesa os pedidos mais esdrúxulos. Todo e qualquer nível hierárquico (e é também por isso que amo a ausência da hierarquia nas plantas) da infinita pirâmide da burocracia italiana tem o poder – que usa com grande prazer – de pedir formulários, comparações, justificativas, relatórios, reembolsos, opiniões, registros, balanços finais, orçamentos e praticamente tudo o que lhe passar pela cabeça com frequência extenuante.

No início da carreira, ainda um jovem professor, eu também me iludia, assim como Franklin, com a ideia de que uma escrivaninha arrumada era um sinal de grande eficiência. Por isso, adquiri um grande número de pastas e comecei a ordenar as demandas por categoria de nossa insaciável burocracia. Logo meu escritório estava lotado de caixas-arquivo que ocupavam um espaço enorme. Não demorei muito para entender que, se continuasse categorizando, tentando respeitar as intermináveis gradações de pedidos que a fértil imaginação burocrata italiana pode dar à luz, eu logo seria obrigado a alugar um depósito para abrigar todas as pastas necessárias. Portanto, comecei a classificar os tópicos por analogia, estabelecendo para mim mesmo a meta de não exceder oito supercategorias.

No início, esse critério parecia funcionar. O número de categorias tinha sido drasticamente reduzido, eu economizava tempo e não corria mais o risco de ser expulso do escritório por falta de espaço. Infelizmente, o experimento não durou

119

muito tempo. Sempre que precisava recuperar algo arquivado, as supercategorias não me ajudavam. Eu tinha colocado o pedido de missão em Pequim na categoria Exterior ou em Restituições? Ou talvez, já que eu havia lecionado em Pequim por uma semana, havia guardado em Ensino? Assim não funcionava. Com um esforço adicional de criatividade, identifiquei novas metacategorias, que eu achava que poderiam funcionar; por cerca de um ano, fixei-me em produzir classificações fantasiosas. Realmente pensei que poderia pôr fim ao rio impetuoso da burocracia. Que tolice! Felizmente, o destino benevolente veio em meu socorro, fazendo-me encontrar a mais sublime e irresponsável das categorizações jamais concebidas pela mente humana: a improvável enciclopédia chinesa *Empório celestial de conhecimentos benévolos*, apresentada por Jorge Luis Borges no ensaio "O idioma analítico de John Wilkins". Aqui os animais são divididos em:

> a) pertencentes ao imperador, b) embalsamados, c) treinados, d) leitões, e) sereias, f) fabulosos, g) cães vadios, h) incluídos nesta classificação, i) que se agitam como loucos, j) inumeráveis, k) desenhados com um pincel muito fino de pelos de camelo, l) etc., m) que quebraram o vaso, n) que de longe parecem moscas.

A prova de classificação de um mestre como Borges foi esclarecedora: percebi que, como no paradoxo de Aquiles e na tartaruga do filósofo Zenão, as possíveis divisões eram infinitas. A burocracia sempre produziria um novo requerimento que não poderia ser catalogado em nenhuma categoria anterior; algo que necessitaria de uma nova divisão do tipo borgiano: "n) que de longe parecem moscas". Cheguei à conclusão de que era muito melhor não organizar nada e deixar as novas solicitações se acumularem espontaneamente de um lado da minha – felizmente, ampla – escrivaninha. Chamei essa área, em um último ímpeto de espírito arquivístico, de "o lado da encheção de saco".

Desde então, tendo me deixado levar pelo lado sombrio da Força, a desordem fez muito por mim. Não colocar o caos em ordem me permitiu economizar uma enorme quantidade de tempo. Quando a pilha de papel se torna insuportável, impedindo-me de ver as pessoas além da mesa, dedico algumas horas à Grande Faxina: folheio os documentos e, de maneira inexorável, destruo quase tudo. No final, o que é realmente importante sempre permanece à mão; tudo o mais é supérfluo do qual se pode facilmente prescindir. O tempo de acumulação torna-se o único fator de discriminação. Se entre uma Grande Faxina e outra eu nunca tiver precisado de um documento, ele terá se perdido nas profundezas da papelada, demonstrando por si mesmo a própria irrelevância. Se, ao contrário, eu tiver precisado consultá-lo, ele será encontrado na escrivaninha em posições tanto mais emergentes quanto mais recentemente eu o tiver utilizado. O mais importante e, portanto, o que observo com mais frequência sempre permanecerá flutuando na superfície do monstro de papel; os outros cairão inexoravelmente nas profundezas da inutilidade e serão varridos. Com esse não sistema, nunca perdi nada relevante e, acima de tudo, sempre tenho em mãos o que realmente preciso. Sem nem pensar nisso!

Descobri recentemente que é uma das estratégias utilizadas na informática para o gerenciamento do *cache* (área de memória digital muito rápida, mas de pequena capacidade, cuja finalidade é acelerar a execução dos programas): os algoritmos que a gerenciam devem resolver um problema semelhante ao da Grande Faxina da Escrivaninha. Quando o *cache* estiver cheio, o algoritmo deve escolher os elementos a excluir para liberar espaço para os novos. O Santo Graal, inatingível e teórico, dos algoritmos de *cache*, conhecido como algoritmo ótimo de Belady, seria o único capaz de eliminar primeiro as informações desnecessárias no futuro por mais tempo. Mas, como é impossível prever quando informações específicas serão necessárias, estratégias práticas alternativas são usadas. Entre elas, o LRU (Least Recently Used [Último usado recentemente]) elimina primeiro os dados do *cache* que não foram usados recentemente. Exatamente o que faço na Grande Faxina.

Enfim, é normal associar a ideia de ordem a uma qualidade; todo mundo, mesmo o bagunceiro mais calejado, pensa como Franklin: mais ordem significa mais produtividade e melhor eficiência. Na realidade, ordenar significa organizar, criar estruturas e gaiolas nas quais se força a reunir coisas que, muitas vezes, não têm afinidade; e isso também significa criar hierarquias, classes, grupos e subgrupos, imitando mais uma vez em nossas classificações – sejam elas físicas ou mentais – a organização hierárquica do corpo animal.

Cooperativos como as plantas

Estados, arquivos, modelos políticos, gestão empresarial, ferramentas, organizações lógicas: o homem tende a construir tudo à sua imagem; ou melhor, com base na imagem parcial que tem de si mesmo (porque, numa verificação mais minuciosa, até o cérebro trabalha de forma descentralizada e não hierárquica), perdendo a possibilidade de explorar o enorme potencial criativo e inovador que poderíamos desenvolver por influência de estruturas e organizações distribuídas, como as do mundo vegetal. Em toda sociedade, as burocracias, inerentes à hierarquia, estão crescendo exponencialmente. É um mau sinal, acreditem em mim. Eu vi meu país – cujo nome já foi sinônimo de inspiração e fantasia – atolar-se na lama da hierarquia e de seu braço armado, a burocracia, até impedir qualquer possibilidade de mudança ou de inovação. Assim, as sociedades declinam sob o peso de sua própria organização rígida, o que impede a flexibilidade necessária para enfrentar um ambiente em constante mudança.

Portanto, o modelo animal é apenas mais estável e eficiente na aparência: na realidade, é engessado. Toda organização na qual a hierarquia confia a poucos a tarefa de decidir por muitos está inexoravelmente destinada a fracassar, sobretudo em um mundo que requer acima de tudo soluções diferentes e inovadoras. O futuro precisa tomar para si a metáfora das plantas. As sociedades que no passado se desenvolveram graças a uma rígida divisão funcional do trabalho e a uma estrita estrutura hierárquica devem, no futuro, estar ao mesmo tempo ancoradas no território e descentralizadas, deslocando o poder decisório e as funções de comando para as várias células de seu corpo e transformando-se de pirâmides em redes distribuídas horizontalmente.

A revolução já está em curso, mesmo que não tenhamos nos dado conta disso. Por causa da internet, os casos de organizações não hierárquicas e distribuídas, semelhantes às estruturas das plantas, multiplicam-se, ganham apoio e, acima de tudo, produzem excelentes resultados. A Wikipédia é um excelente exemplo de como uma organização vegetal pode ser estruturada: graças à contribuição de milhões de colaboradores, ela conseguiu o empreendimento aparentemente miraculoso de produzir uma enciclopédia enorme, difusa e acima de tudo exata, sem qualquer forma de organização hierárquica e sem incentivo financeiro. Estamos falando de uma enciclopédia que, no final de 2016, continha 5 315 802 artigos apenas na edição em inglês, o equivalente a mais de 2 mil volumes impressos da Enciclopédia Britânica. Se considerarmos as edições em diferentes idiomas, a Wikipédia possui mais de 38 milhões de verbetes, o equivalente a mais de 15 mil volumes. Uma quantidade enorme de trabalho foi produzida indo na direção oposta a todas as regras comuns.

Como é possível que, sem qualquer controle hierárquico ou administrativo, uma organização possa ser bem-sucedida? Como o produto do trabalho pode ser compartilhado sem contratos ou remuneração? Como os voluntários sem qualificações produzem resultados de qualidade que superam a concorrência dos profissionais? A Wikipédia responde dando uma prévia do que as organizações vegetais poderão fazer, mas é apenas um começo. O futuro que imagino estará sempre cheio de exemplos análogos de organização. Modelos que renunciam ao controle vertical dos processos decisórios e nos quais todas as funções, inclusive a empresarial, bem como os direitos de propriedade, são cada vez mais distribuídos.

Na realidade, pelo menos na Europa, estruturas semelhantes – organizadas de acordo com o modelo vegetal, distribuídas e enraizadas no território – existem há muito tempo: são chamadas de cooperativas. São entidades sem hierarquia que dependem de toda a estrutura social; a propriedade pertence a membros individuais, e cada um deles tem direito a um voto, independentemente de qualquer outra consideração, qualquer pessoa pode se tornar um membro etc. Devido a suas características estruturais, as cooperativas são muito mais resistentes a crises externas ou internas, e suas falhas muitas vezes dependem de terem desistido de atuar como estruturas vegetais para se transformarem em organizações hierárquicas animais, perdendo a flexibilidade e abrindo mão do conhecimento do território.

Hoje, exemplos como as cooperativas são fundamentais para gerenciar a transição para o que é chamado de *nova economia*: deixar esse conceito coincidir com a ideia dos gigantes da web que acumulam enormes lucros nas mãos de alguns seria catastrófico. Então, além de imitar a estrutura descentralizada das plantas para aumentar a criatividade e a resistência das organizações, também precisamos imaginar novas formas de propriedade difusa. Nesse sentido, a tradição das cooperativas, combinada com o poder extraordinário das redes atuais, pode representar um modelo alternativo válido para o futuro. Quanto à Wikipédia, é difícil imaginar quais resultados podem ser obtidos quando os sistemas cooperativos entenderem o potencial da rede e da inteligência coletiva.

A Grécia antiga e a Itália renascentista estavam entre os momentos mais criativos da história da civilização ocidental. Na Grécia, as cidades-Estado, geograficamente distantes umas das outras, e as formas de governo, que muitas vezes permitiram a cada cidadão influenciar as decisões coletivas, deram origem a um período de criatividade incomparável em todos os campos do conhecimento humano. O mesmo aconteceu com as cidades-Estado da Renascença italiana, com os pequenos ducados e as *signorie*. Nas ruas de Florença, no início do século XVI, era possível encontrar Leonardo, Michelangelo e Rafael...

Em 2050, na Terra, seremos 10 bilhões de pessoas, dois bilhões e meio a mais do que somos hoje. Muitos estão alarmados com esse enorme crescimento populacional, porque acreditam que não haverá recursos suficientes. Não pertenço a esse grupo. Dois bilhões e meio de cabeças pensantes, desde que sejam livres para criar, não são um problema, mas um enorme recurso. Dois bilhões e meio de pessoas serão capazes de resolver qualquer problema, desde que sejam livres para pensar e inovar. Pode parecer um paradoxo, mas no futuro próximo teremos que nos inspirar nas plantas para recomeçarmos a *nos mover*.

7
ARQUIPLANTAS

A arquitetura nada mais é que a ordem, a disposição, a aparência bonita, a proporção entre as partes, a conveniência e a distribuição.
MICHELANGELO BUONARROTI

Os materiais do urbanismo são o sol, as árvores, o céu, o aço, o concreto, nessa ordem hierárquica e indissolúvel.
LE CORBUSIER

Um médico pode sempre sepultar seus erros, mas um arquiteto pode apenas aconselhar seus clientes a plantar uma videira americana.
FRANK LLOYD WRIGHT

Torres como galhos

Entre os inúmeros talentos de Leonardo da Vinci, um dos menos reconhecidos é a grande capacidade de observação das plantas. Devemos a ele algumas descobertas fundamentais sobre a natureza das plantas, como a explicação do que são os anéis anuais do crescimento secundário do caule e como eles são formados e como, a partir do estudo de número, espessura e distribuição, podemos calcular a idade da árvore e o clima dos anos durante os quais ela viveu. Também é dele a intuição de que o crescimento capaz de causar o alargamento do tronco é consequência da ação de um tecido específico, só muito mais tarde identificado no chamado *câmbio suberoso*: "O aumento na espessura das plantas se deve à seiva gerada no mês de abril sob a manta e a camada lenhosa desta árvore que, naquele período, se converte em uma casca macia".

A descoberta que nos interessa aqui, no entanto, é outra e diz respeito ao princípio segundo o qual as folhas estão dispostas em um galho, a chamada *filotaxia* (do grego *phyllon*, "folha", e *taxis*, "disposição"). Leonardo descreve seus conceitos básicos com extrema precisão, séculos antes de Charles Bonnet [1720–1793], o botânico comumente reconhecido como descobridor desse princípio. Em que consiste exatamente a filotaxia? Se observada de perto a sequência de folhas em um único ramo de plantas diferentes, percebe-se que cada uma segue uma regra particular. Em alguns, elas são organizadas em uma espiral mais ou menos estreita, em outros, perpendicularmente em níveis sucessivos... Enfim, cada espécie tem sua regra de sucessão no arranjo das folhas. Não pareceria, à primeira vista, algo muito interessante ou que pudesse ter qualquer aplicação prática fora da classificação taxonômica das plantas; muito menos pareceria uma descoberta capaz de influenciar a forma como construímos edifícios. E, no entanto, veremos que se trata exatamente disso.

Leonardo não é, certamente, um cientista qualquer; ele não se contenta em descrever um fenômeno, também quer entender as razões que o geram e, se possível, usar o que foi descoberto para aplicações práticas. Por isso, fornece uma explicação funcional da filotaxia: é o arranjo que garante às folhas a melhor exposição à luz, sem que façam sombra umas sobre as outras. Uma disposição que pode ser copiada e aproveitada, resultado de centenas de milhões de anos de evolução. Foi isso que o arquiteto Saleh Masoumi fez em seu surpreendente projeto de uma torre filotática. Inspirado pela maneira como as folhas se organizam ao longo de um ramo, Masoumi projetou um arranha-céu residencial com algumas características únicas.

Um dos problemas comuns nos apartamentos em qualquer edifício ou torre residencial é que normalmente são rodeados por outras habitações, sem qualquer acesso direto ao ambiente circundante. Normalmente, o teto do piso inferior corresponde ao piso do andar superior. Nessas condições, obviamente, a quantidade de luz recebida em cada unidade habitacional é apenas uma fração daquela possível. A torre de Masoumi, por outro lado, resolve esse problema brilhantemente: ao organizar os apartamentos de acordo com um arranjo filotático em torno do eixo central do edifício, ele garante que recebam luz de todos os lados, como a folha no galho. Inclusive cada unidade tem acesso ao céu acima, com a possibilidade de coletar luz solar para ser usada também para fins energéticos.

De fato, não há melhor modelo do que o filotático para expor superfícies em diferentes níveis à luz solar; a evolução, ao longo de uma série de ensaios e erros, selecionou apenas os resultados que garantem uma ótima captação da luz para cada uma das folhas. Essas mesmas soluções, se aplicadas à construção civil, poderiam garantir resultados de captação de energia inimagináveis até recentemente e revolucionar a maneira como concebemos a estrutura dos edifícios. Talvez a genialidade de Leonardo já tivesse previsto que um dia, graças ao estudo do arranjo das folhas, novas torres fossem projetadas; para nós, em todo caso, fica esse enésimo e fascinante exemplo de como a ciência, seja qual for o objeto de seu interesse – incluindo plantas! –, produz resultados cujas aplicações são muitas vezes imprevisíveis. E, aliás, nessa imprevisibilidade reside muito do seu charme.

A *Victoria amazonica*: como uma folha salvou a primeira Exposição Universal

Na primeira metade do século XIX tem início a epopeia da *Victoria amazonica*, a vitória-régia, destinada a se tornar um estudo de caso não só para a botânica, mas também para a arquitetura. A história dessa planta é muito problemática, desde a atribuição do nome. Suas sementes e sua descrição chegam à França em 1825, enviadas pelo naturalista, botânico e explorador francês Aimé Bonpland [1773–1858], que, no entanto, não divulga sua descoberta e não nomeia a nova espécie. Em 1832, o explorador alemão Eduard Friedrich Poeppig [1798–1868] registra a planta na Amazônia, publica a primeira descrição e a chama de *Euryale amazonica*. Finalmente, em 1837, John Lindley [1799–1865] a renomeou como *Victoria amazonica*, em homenagem à rainha Vitória, iniciando assim sua glória botânica.

Essa espécie nos interessa porque, além de fascinar o público mundial com sua elegância e suas dimensões, despertou a imaginação de arquitetos e engenheiros graças à extraordinária força de suas folhas enormes. A vitória-régia – hoje uma das superestrelas de qualquer jardim botânico que se preze – em pouco tempo se tornou uma celebridade mesmo fora do restrito âmbito de estudiosos e entusiastas e se estabeleceu como um verdadeiro ícone popular no final do século XIX. Sua imagem tornou-se estampa impressa em tecidos, livros, papel de parede; reproduções de cera de suas flores entraram na moda, e ilustrações com crianças boiando facilmente sobre suas enormes folhas estimularam a curiosidade por essa exótica planta aquática. Obviamente, suas capacidades estruturais extraordinárias não escaparam à atenção dos especialistas: como uma única folha poderia suportar uma carga de até 45 quilos, se bem distribuída, sem se romper ou se deformar? Acima de tudo, seria possível replicar esse recurso impressionante?

As folhas da *Victoria amazonica* se parecem com grandes bandejas circulares e podem medir até dois metros e meio de diâmetro, com bordas elevadas e hastes longas oriundas de um caule subterrâneo, ancorado no fundo de águas calmas enterrado na lama. A face superior da folha é cerosa e, quando molhada, as gotas escoam pelas fendas laterais; a face inferior, vermelho-púrpura, é equipada com espinhos que servem para protegê-la de peixes e peixes-boi que se alimentam de plantas aquáticas. O ar preso nos espaços entre as nervuras lhe permite flutuar. Cada planta produz entre quarenta e cinquenta folhas, que cobrem a superfície da água, bloqueando a luz e limitando o crescimento da maioria das outras plantas.

Em 1848, o caminho da vitória-régia cruzou o de Joseph Paxton [1803–1865], o responsável pelos jardins da Chatsworth House, propriedade de William Cavendish [1790–1858], sexto duque de Devonshire. Graças a suas habilidades indiscutíveis no aprimoramento de plantas, aos 23 anos de idade Paxton foi contratado pelo duque para cuidar dos seus jardins. Como costumava acontecer com os membros da aristocracia britânica, Cavendish tinha verdadeira obsessão por plantas: ele possuía um dos mais importantes jardins botânicos privados do mundo, com grandes estufas e arvoredos. Até a variedade de banana da qual hoje provém mais de 40% dessa fruta em nossa mesa na Itália vem da Chatsworth House. Trata-se de uma banana oriunda das Ilhas Maurício que Joseph Paxton, com sua capacidade notória, conseguiu multiplicar na Chatsworth House, descrevendo-a e atribuindo-lhe o nome de *Musa cavendishii* em homenagem a seu patrono.

Outra das características nacionais do Reino Unido é a paixão pela competição. Foi assim que William Cavendish e o duque de Northumberland se engajaram em um desafio acirrado para ver quem seria pioneiro no cultivo e no florescimento da *Victoria amazonica*. O duque de Devonshire contava com Paxton para ganhar, e a escolha mostrou-se adequada. Em 1848, Paxton obteve uma semente dos Kew Gardens, os jardins botânicos reais, a qual, em poucos meses, floresceu graças ao extremo cuidado na reprodução das condições climáticas de seu hábitat original, dentro de estufas aquecidas. As flores dessa planta com suas enormes folhas tornaram-se uma das principais atrações da Chatsworth House, e a própria rainha Vitória – a quem Paxton presenteou com um magnífico exemplar – a visitou acompanhada pelo presidente francês Napoleão III (que só mais tarde se tornaria imperador).

Já dá para entender que essa flor é especial desde o processo original que garante a polinização. As flores de vitória-régia têm uma vida curta – cerca de dois dias – e são inicialmente brancas. Na primeira noite, quando se abrem, um aroma doce semelhante ao do abacaxi chama os coleópteros responsáveis pelo transporte do pólen. Além disso, a planta, para ter certeza de que os polinizadores cheguem em grande número, aumenta a temperatura da flor a partir de uma reação termoquímica; é uma habilidade chamada *endotermia* ou *termogênese*, presente em um número muito pequeno de espécies (apenas onze das cerca de 450 famílias de plantas conhecidas constituem exemplos dessa característica). E, em todas essas plantas, a produção de calor sempre tem a ver com a atração de polinizadores. As razões são várias: o calor pode ser uma recompensa direta para o inseto, pode aumentar a volatilização das substâncias químicas que atuam como atrativos, pode imitar a temperatura das fezes de mamíferos ou, finalmente, pode estimular nas moscas a deposição de ovos. Em todo caso, se uma flor produz calor, é para atrair polinizadores, e a *Victoria amazonica* não foge a essa regra.

Nessa fase a flor é exclusivamente feminina e está pronta para receber o pólen coletado pelos besouros em outras plantas. Penetrando em seu interior, eles transferem o pólen para os estigmas, permitindo a fertilização; enquanto isso, as pétalas se fecham, aprisionando os insetos até a noite seguinte. Na manhã seguinte, a flor se transforma, assumindo características masculinas. As anteras amadurecem e produzem pólen. Quando reabre à noite, ela mudou de cor; de branca passa a púrpura para sinalizar a fecundação, não emite nenhum odor e sua temperatura diminuiu. Os insetos ficam livres para sair, bem cobertos de pólen, para repetir todo o processo em outra planta (cada uma tem sempre apenas uma flor branca por vez). Depois de fertilizada e com a saída dos polinizadores, a flor se fecha e imerge abaixo do nível da água.

Em 1848, no entanto, esse processo era desconhecido. Naqueles dias, obter a floração já era um sucesso digno do rei dos jardineiros. E, de fato, a fama de Paxton atravessou fronteiras, embora estas já fossem grandes, dos entusiastas da planta, estendendo-se até mesmo entre os leigos. Foi apenas o começo de uma história fascinante; os sucessos que a *Victoria amazonica* propiciaria a Joseph Paxton estavam bem longe de terminar.

Em 1851, a organização da primeira Exposição Universal estava em andamento em Londres. Era um evento inédito e, para recebê-lo adequadamente, teria de ser construída uma estrutura colossal dentro do Hyde Park, apta a receber as delegações do mundo todo e os milhões de visitantes esperados. O evento marcaria época e exigia a pompa necessária para celebrar a grandeza do Império Britânico; portanto, havia inúmeros requisitos aos quais o projeto da Exposição deveria satisfazer. O primeiro deles dizia respeito à construção, que não podia ser permanente e devia ser realizada em pouco tempo. O custo era outro ponto: de acordo com os princípios de austeridade que haviam tornado o império grande, a estrutura escolhida teria que atender às necessidades de funcionalidade com o mínimo de gasto. Escritórios de arquitetura de toda a Europa participaram do concurso para a seleção do projeto. A comissão recebeu 245 propostas e, depois de uma longa análise..., descartou todas elas.

No entanto, a avaliação demorou muito tempo, e ninguém imaginou que, entre os muitos desenhos apresentados, nenhum deles se mostraria adequado. Faltavam poucos meses para o evento e ainda não se tinha ideia do que fazer para sediá-lo. No Parlamento, nos jornais e nos bares não se falava de outra coisa. Como responder a um desafio tão grande em tão pouco tempo? Quatro especialistas foram então nomeados para cuidar da construção do edifício no prazo estabelecido. Infelizmente, essa solução também falhou; a Grã-Bretanha corria o risco de passar um vexame retumbante diante da opinião pública mundial. A exposição cujo objetivo era celebrar as inovações tecnológicas e o empreendimento do império corria o risco de se transformar em um fiasco. Nesse clima de tentar uma última cartada, Joseph Paxton apresentou sua ideia revolucionária: construir uma estrutura enorme de ferro fundido e vidro, usando módulos pré-fabricados. Foi uma intuição brilhante que entraria para a história.

Paxton apresentou um projeto colossal. Era um edifício de mais de 90 mil metros quadrados, com 564 metros de comprimento, 124 de largura e 39 de altura, o correspondente a quatro basílicas de São Pedro. Seria impossível realizar uma construção de tais proporções em tão curto prazo sem a formidável ideia de

133

usar módulos pré-fabricados idênticos. Justamente naqueles anos, a tecnologia britânica havia evoluído o suficiente para tornar possível a produção rápida dos milhares de módulos necessários. A unidade base consistia em um quadrado de cerca de sete metros e meio de lado; assim, adicionando de maneira gradual novos elementos, a estrutura inicial poderia ser expandida infinitamente. Os espaços expositivos também foram calculados com base no número de módulos necessários.

A produção em massa levou muito menos tempo e teve custos infinitamente mais baixos do que qualquer construção convencional de alvenaria. Além disso, se tudo fosse desmontado no encerramento da exposição, as várias partes poderiam facilmente ser usadas para outras finalidades. Na prática, Paxton propôs erguer uma gigantesca estufa de vidro; tão grande que as árvores do Hyde Park presentes na área do evento puderam ser incorporadas à área interna. Ele já havia projetado estruturas semelhantes para proteger do clima frio da Inglaterra as preciosas plantas exóticas da coleção Cavendish. Entre essas estufas aquecidas, a mais imponente era a *Great Stove* (grande estufa), um enorme viveiro tropical, tão vasto que podia ser visitado de carruagem. Obviamente, nada comparado ao que Paxton realizaria na Exposição Universal.

No entanto, uma construção desse porte precisava atender a requisitos estruturais rigorosos; além disso, os trabalhos tinham que ser concluídos dentro do prazo e com custos limitados. Aqui vem a segunda ideia brilhante de Paxton. Construir os grandes arcos da abóbada conforme as nervuras das folhas da *Victoria amazonica*. Ambas as bioinspirações – o uso de módulos na construção do enorme edifício e o emprego da estrutura radial da planta – nasceram da extraordinária paixão botânica desse homem.

Mais de 2 mil operários trabalharam duro na fabricação do que, graças a uma anedota do periódico satírico *Punch*, começou a ser conhecido como Palácio de Cristal [Crystal Palace], sendo concluído em apenas quatro meses. Graças a Paxton e à vitória-régia, Londres estava pronta para sediar a primeira Exposição Universal, com a pompa e a grandeza dignas de uma potência imperial. O Palácio deixou boquiabertos os 14 mil expositores vindos de muitos países e logo se tornou o emblema da capacidade de inovação tecnológica do Império Britânico. O evento foi um sucesso memorável. Foram mais de 5 milhões de visitantes (um quarto da população britânica da época); entre os notáveis, Charles Darwin, Charles Dickens, Charlotte Brontë, Lewis Carroll, George Eliot e Alfred Tennyson. O rendimento da venda de ingressos, descontadas as despesas, foi utilizado para a construção do Victoria and Albert Museum, do Museu da Ciência e do Museu de História Natural, bem como para a constituição de um fundo de bolsas para pesquisa industrial, ainda em atividade. Paxton, o herói que tornou possível esse trabalho prodigioso, foi nomeado barão; ele nunca abandonou a *Victoria amazonica* e a botânica, que continuaram sendo suas grandes paixões, e investiu em uma carreira empreendedora que o tornou rico, para dizer o mínimo.

Nos anos que se seguiram ao Palácio de Cristal, o encanto da vitória-régia continuou atraindo o interesse de arquitetos, e muitos se aventuraram na construção de edifícios mais ou menos inspirados por suas nervuras. Entre muitos, lembramos o terminal 5 (ou centro de voo da companhia TWA) no aeroporto John F. Kennedy, em Nova York, projeto do arquiteto finlandês naturalizado americano Eero Saarinen, e o Palazzetto dello Sport, em Roma, projetado pelo engenheiro Pier Luigi Nervi e pelo arquiteto Annibale Vitellozzi, em 1956. E parece que o fascínio da planta com suas enormes folhas não vai cessar. Há alguns anos, o arquiteto Vincent Callebaut propôs a construção de cidades flutuantes, chamadas de Lilypad, completamente autônomas e capazes de acomodar até 50 mil pessoas, cuja forma se inspira na *Victoria amazonica*. Portanto, a história de amor entre essa planta e os arquitetos ainda não acabou.

Cactos, água e arranha-céus

A figueira-da-índia (*Opuntia ficus-indica*) é uma cactácea nativa do México, comum em várias regiões áridas ou semiáridas, onde cresce por causa de uma série de adaptações às condições de seca. Essas capacidades nos oferecem a oportunidade de lembrar as possibilidades de inspiração em vários campos da arquitetura. Sobreviver em um ambiente desértico requer habilidades incomuns. É preciso estar preparado para suportar temperaturas extremas que podem atingir mais de 70°C na planta; é preciso obter a água necessária para sobreviver em um ambiente onde a precipitação média anual é menor que a quantidade de chuva em Londres em qualquer dia de abril; e, por último mas não menos importante, é preciso ser capaz de se defender de animais que o querem como alimento.

Pareceriam desafios intransponíveis, mas não para a figueira-da-índia e para as muitas outras espécies pertencentes à família *Cactaceae*. Estas, de fato, sobrevivem muito bem, mesmo nos ambientes hostis dos desertos mais áridos, conseguindo tirar proveito de condições ambientais difíceis graças a metamorfoses tão surpreendentes que transformam a estrutura da própria planta. Nas cactáceas, vemos a mais substancial dessas mutações: o completo desaparecimento das folhas. Esse órgão, a sede da fotossíntese, fundamental a ponto de se tornar o símbolo das plantas, é também a parte do corpo através da qual elas perdem a maior parte da água. Com a remoção de folhas e a transferência da função fotossintética para o tronco, portanto, a figueira-da-índia remove a principal fonte de desperdício de líquidos.

A própria fotossíntese mudou para atender às necessidades extremas de economia de água. As cactáceas apresentam uma adaptação segundo a qual a aquisição de dióxido de carbono por meio dos estômatos – necessária ao processo fotossintético – ocorre à noite, quando as condições ambientais mais favoráveis permitem menor perda de água na transpiração. De fato, para todas as plantas, o gerenciamento correto da abertura e do fechamento dos estômatos é um problema cuja resolução não é simples. Se, por um lado, mantendo os estômatos abertos, ocorre maior entrada de CO_2 na folha e, consequentemente, a máxima fotossíntese, por outro, essas aberturas minúsculas e muito difusas (uma folha de tabaco, por exemplo, tem cerca de 12 mil estômatos por centímetro quadrado) favorecem a saída de vapor de água. A solução está em saber gerenciar diferentes necessidades, implementando uma política de abertura e de fechamento baseada nas diversas variáveis ambientais.

Para aproveitar ao máximo as condições climáticas, é essencial que o ajuste da abertura dos estômatos seja perfeito. Mesmo um atraso mínimo no fechamento durante um dia particularmente ensolarado pode causar o colapso da planta mais resistente. Assim, diferentemente do que acontece em outras espécies, para as quais a aquisição de CO_2 e sua fixação pela fotossíntese são simultâneas e ocorrem durante o dia, na presença da luz, em plantas que recorrem ao ciclo CAM (Crassulacean Acid Metabolism, metabolismo ácido das crassuláceas, ou seja, a forma especial de fotossíntese típica das *Cactaceae*), a entrada de dióxido de carbono e sua subsequente transformação em açúcares acontecem em diferentes momentos do dia. À noite, a planta absorve o CO_2, que será fixado no dia seguinte sob luz solar.

Perder o mínimo de umidade possível, no entanto, não é suficiente; é apenas um aspecto do problema. Inevitavelmente, certa quantidade de água deve ser consumida para garantir o funcionamento normal do metabolismo. Para a planta, portanto, é necessário encontrar outras fontes capazes de compensar os líquidos perdidos. Mas como fazer isso em um território onde nunca chove? E, acima de tudo, como fazê-lo em um ambiente onde a quantidade de água no solo é zero? Na realidade, muitas espécies do gênero *Opuntia* (ao qual pertence a figueira-da-índia) são bem-sucedidas nessa tarefa aparentemente impossível. Graças à incrível capacidade de adaptação, essas plantas aprenderam a absorver água da única fonte capaz de fornecê-la no deserto: a atmosfera. Os espinhos muito finos semelhantes a pelos que cobrem os *cladódios* (esse é o nome dos elementos estruturais da figueira-da-índia comumente conhecidos como pás), além de protegerem contra os animais, também são uma excelente ferramenta para condensar a umidade atmosférica. Esta é retida pelos espinhos e transportada em gotas cada vez maiores para dentro dos cladódios, que, entre suas inúmeras funções, também executam o papel de principal reserva hídrica da planta. Sistemas similares de condensação da água atmosférica são usados por várias espécies, tanto vegetais como animais, graças às características estruturais únicas de suas superfícies.

Para perceber isso, basta mudar-se para a Namíbia. O deserto do Namibe, na verdade, é há muito tempo um dos ambientes mais áridos do planeta. Ao contrário de desertos como o Saara, cujo clima sofreu grandes oscilações entre períodos secos e úmidos nos últimos 100 mil anos (há até previsões de que volte a ser um ambiente verde, dentro de "apenas" 15 mil anos), o da Namíbia está irremediavelmente árido há pelo menos 80 milhões de anos. Um período tão longo que permitiu a evolução de várias espécies que se adaptaram à aridez aprendendo a usar a água contida no nevoeiro que, de tempos em tempos, vai do oceano para o interior do deserto. Entre as espécies dessa região está a *Welwitschia mirabilis*[7] (ou "orni-torrinco das plantas", segundo a famosa definição de Charles Darwin), que produz apenas duas folhas que crescem continuamente, podendo atingir cinco metros de comprimento; adaptou-se tão bem a esses climas extremos que poderia viver, literalmente, por milhares de anos. Algumas espécimes de *Welwitschia*, de fato, ultrapassam os 2 mil anos de idade, e seu nome em africâner, *tweeblaarkanniedood*, significa precisamente: "duas folhas que nunca morrem". A sobrevivência dessa planta singular, definida pelo botânico inglês Joseph D. Hooker [1817–1911] como "a mais excepcional trazida para este país e a mais feia", não depende da extensão das raízes, como se acreditou por muito tempo, mas, sim, da capacidade das folhas longas e porosas em absorver gotículas de água, produzidas pela condensação atmosférica da névoa do oceano por causa das fortes oscilações térmicas.

Mesmo os chamados coleópteros-de-nevoeiro – insetos da família *Tenebrionidae*, endêmicos do deserto do Namibe – desenvolveram mecanismos semelhantes para captar umidade atmosférica. A *Stenocara gracilipes*, ou besouro-da-namíbia, por exemplo, posiciona-se em um ângulo de 45 °C contra a brisa vinda do mar e captura a umidade pelas asas, formadas por uma alternância de superfícies hidrofílicas e hidrofóbicas: a água contida no nevoeiro se liga às áreas hidrofílicas da asa, até formar gotículas com tamanho suficiente para escorrer diretamente para a boca do inseto. Todo

---

7 A *Welwitschia mirabilis* é uma gimnosperma (do mesmo grupo de plantas a que pertencem os pinheiros e abetos) espalhada pelas áreas desérticas do Kalahari e da Namíbia, onde sobrevive em condições de extrema secura.

esse mecanismo foi imitado para produzir tecidos especiais, capazes de absorver a água da atmosfera.

Até mesmo estruturas delgadas como teias de aranha são capazes de coletar a umidade do ar, e essas técnicas também foram usadas pelo homem na história para extrair água em regiões onde não havia o suficiente. Graças à pesquisa do arquiteto Pietro Laureano, que dedicou sua carreira ao estudo dessas tradições, podemos dizer que as primeiras evidências de práticas semelhantes já estavam presentes nos chamados *túmulos solares*: túmulos especiais da Idade do Bronze, compostos de um círculo duplo e atravessados por um corredor que leva a um ambiente escavado ao centro; além de locais de culto, essas construções teriam servido também para trazer umidade. As estruturas de pedra seca, espalhadas nos territórios áridos da Puglia ou da Sicília, foram usadas para o mesmo propósito. O ar úmido penetra entre as pedras, que têm uma temperatura mais baixa na parte interna (porque não é exposta ao sol e, além disso, é refrescada pela câmara hipogênica que fica abaixo); a consequente diminuição da temperatura provoca a condensação de gotas d'água, que se acumulam no fundo da cavidade. Durante a noite, o processo se inverte, produzindo resultados semelhantes na face externa das pedras. Por muitos séculos, essas técnicas, há muito esquecidas, forneceram o suprimento de água para as populações de muitas áreas do Mediterrâneo e permitiram a sobrevivência do homem mesmo em regiões inóspitas como o Saara. Agora, após o trabalho de pessoas como Pietro Laureano, seu uso tem sido bem-sucedido, adaptando-se funcionalmente às necessidades dos nossos tempos.

Nesse sentido, o conhecimento adquirido sobre a capacidade de condensar água de cactáceas como a figueira-da-índia mostrou-se fundamental para projetar sistemas cada vez mais eficientes e tecnologicamente avançados, que imitam características evidentes das plantas. Para dar um exemplo, o arranha-céu que abrigará o Ministério da Agricultura do Qatar foi inspirado nas adaptações típicas das cactáceas (lembremos que nesse país a precipitação média anual é de setenta milímetros); desde a forma colunar como a de muitos cactos até a abertura e o fechamento das boquilhas que garantem a circulação de ar dentro do edifício, tudo é projetado levando em conta os ensinamentos adquiridos na observação do crescimento dessas plantas nas áreas áridas.

O Warka Water, um protótipo projetado pelo arquiteto Arturo Vittori, é outro exemplo de variação tecnológica sustentável desses sistemas de coleta e condensação de água. A partir do nome, entendemos que se trata de um caso de inspiração imediata proveniente das plantas: *warka* é o nome local de uma figueira gigante (*Ficus vasta*) endêmica na Etiópia – infelizmente cada vez mais rara – que constitui um elemento muito importante para a cultura e o ecossistema locais porque é apreciada, tanto por ser uma árvore frutífera quanto pelo tamanho, como um ponto de encontro para a comunidade. O Warka Water tem a forma estilizada de uma árvore (seu esplêndido design recebeu o prêmio World Design Impact em 2016) e, graças a redes especialmente projetadas para alta eficiência de condensação, pode produzir até cem litros de água por dia a partir da atmosfera de ambientes áridos como os da Etiópia. Os custos muito limitados, a eficiência, a facilidade de construir e de usar, o respeito ao meio ambiente e a beleza arquitetônica tornam esse, na minha opinião, um exemplo perfeito de como a inspiração botânica, quando adotada por inovadores brilhantes, pode revolucionar as formas e a tecnologia do futuro.

A majestade das árvores de uma floresta recriada pelas colunas dos templos ou a delicada graça dos capitéis coríntios decorados com folhas de acanto (cuja invenção é atribuída por

Vitrúvio ao lendário Calímaco) são apenas alguns dos muitos exemplos que poderiam ser lembrados quando pensamos em soluções – mas seria melhor chamá-las de inspirações – que as plantas desde sempre fornecem aos arquitetos. Apesar dos milhares de anos que se passaram desde que os egípcios imitaram o caule do papiro na construção das colunas do templo de Luxor, as plantas continuam uma fonte fundamental de sugestões para o mundo da arquitetura. Meu desejo pessoal é que essa tendência continue nos próximos anos: é difícil produzir feiura se nos deixarmos guiar pelas formas da natureza.

8

COSMOPLANTAS

*Os dinossauros foram extintos porque não tinham um
programa espacial. E, se formos extintos, será porque
não temos um programa espacial que nos sirva de lição!*
LARRY NIVEN

*Uma folha de grama é uma coisa normal na terra;
seria um milagre em Marte. Nossos descendentes
em Marte saberão o valor de um cantinho verde.*
CARL SAGAN, *Pálido ponto azul*

Nossas companheiras de viagem no espaço

"O homem (ou a mulher) que será o primeiro a colocar o pé em
Marte já nasceu." Há alguns anos, temos ouvido isso repetidas vezes, em agências espaciais de meio mundo, como uma
espécie de mantra. Não há discussão, entrevista ou confe-
rência sobre o futuro da pesquisa espacial em que alguém
não se veja obrigado a lembrar, como se fosse algo óbvio, que
o novo Armstrong de Marte já está entre nós. Se é verdade
ou não, não saberia dizer. Outro lugar-comum que persegue

qualquer pessoa interessada em pesquisa espacial é que não há dificuldades técnicas insolúveis para enviar humanos a Marte: já há algum tempo estaríamos prontos a realizar essa empreitada memorável. Em vez disso, há mais de quarenta anos nem sequer voltamos à Lua; o astronauta americano Eugene Cernan [1934–2017], que, três dias depois de pousar na Lua, subiu no módulo Challenger em 14 de dezembro de 1972 para percorrer os 380 mil quilômetros (distância média) que o trariam para casa, foi o último homem a visitar nosso amado satélite. Com o tempo, ele está se tornando tão famoso quanto Neil Armstrong, que pisou pela primeira vez na Lua em 21 de julho de 1969.

Ela está aqui na nossa frente, a uma distância ridiculamente próxima se comparada aos 55 milhões de quilômetros que nos separam de Marte no ponto mais próximo de nossas respectivas órbitas (ponto atingido a cada 26 meses, quando os dois planetas estão em "oposição"). É provável que não sejam tanto as dificuldades técnicas que retardam nossa conquista do sistema solar quanto as dificuldades econômicas e as divergências sobre quais são as prioridades de pesquisa nesse campo. No entanto, de uma coisa podemos ter certeza: qualquer que seja o destino – próximo ou distante – escolhido como o próximo passo na expansão espacial, não poderemos ir sem as plantas. No entanto, estamos inclinados a negligenciar isso. De fato, seria melhor dizer que tendemos a recalcar um pressuposto indiscutível: nós, humanos, somos totalmente dependentes delas. A comida e o oxigênio que consumimos são produzidos pelo mundo das plantas. Sem o último, a vida não seria possível. Se pensarmos nisso com frieza, é evidente que se trata de uma dependência real, o que limita severamente nossa capacidade de nos movermos no Universo. Deveríamos ter consciência do fato de que as plantas são o motor da vida. E, em vez disso, sofremos de uma persistente e inexplicável *plant blindness* [cegueira para plantas]. Se tomarmos como certo que um mergulhador não pode agir embaixo d'água sem oxigênio nos tanques, por que não conseguimos entender que, da mesma forma, nossa espécie depende inteiramente do mundo botânico? Portanto, se quisermos nos mudar para algum lugar fora da Terra – mesmo que esteja a alguns milhares de quilômetros de distância –, precisamos do nosso bom suprimento de plantas!

Existem inúmeras razões pelas quais é necessário levá-las conosco em uma missão espacial. Qualquer um que tenha visto *Perdido em Marte*, filme de Ridley Scott de 2015, estrelado por Matt Damon no papel de um botânico-astronauta, vai entender o que quero dizer: o engenhoso Mark Watney, dado como morto por seus companheiros, se mantém vivo cultivando batatas na terra de Marte. Algumas dessas razões – comida e oxigênio – são óbvias, outras muito menos, embora de importância fundamental para o sucesso de qualquer missão espacial de longo prazo. Uma delas é, sem dúvida, o efeito positivo que as plantas exercem sobre o equilíbrio psíquico dos seres humanos.

De fato, entre os muitos problemas a serem resolvidos antes de embarcar em longas jornadas espaciais, o fator humano continua sendo um dos mais importantes. Com o conhecimento atual, ir a Marte exigiria um tempo estimado que varia de seis ou sete meses a cerca de um ano (dependendo de um complexo de elementos, entre eles a quantidade de combustível que poderíamos levar). Também precisaríamos de tempo para retornar à Terra e deveríamos passar alguns meses (provavelmente mais de um ano) no Planeta Vermelho, esperando que as órbitas da Terra e de Marte se encontrassem novamente no ponto certo. O cálculo pode ser feito com rapidez: a duração total da jornada seria de algo entre dois e três anos. Ora, tentem imaginar ter que permanecer fechado em uma caixa de alguns metros quadrados, repleto de arestas e de ferramentas, quase sem espaço disponível, na companhia de três ou quatro outros tripulantes, sem qualquer possibilidade de privacidade no meio do espaço sem fim e, além disso, na ausência de gravidade. Por três anos. Vocês conseguem imaginar que pesadelo deve ser?

Nas simulações realizadas na Terra, em condições que tentam replicar as da jornada marciana, as tripulações revelaram uma clara e problemática tendência a mostrar sinais de alteração psíquica após alguns meses desse tratamento, embora fossem pessoas escolhidas entre milhares, sobretudo por seus nervos de aço. E as condições em que as simulações ocorreram não estavam nem perto das verdadeiras missões espaciais. Portanto, o fator humano é o verdadeiro obstáculo a ser superado. Selecionar uma tripulação que, além da preparação técnica necessária, também seja capaz de não se matar depois de alguns meses de convivência continua sendo o problema principal. Qualquer astronauta gostaria de ser escolhido, mas seria realmente capaz de completar a missão? Por anos, equipes de especialistas têm trabalhado no assunto. Sabem qual é uma das soluções que parece dar o melhor resultado? Equipar a missão com um bom suprimento de plantas, isto é, organismos vivos de grande utilidade para a tripulação!

Os efeitos benéficos da presença de plantas proporcionados à mente humana são conhecidos há décadas. Pessoas com transtornos mentais se beneficiam da relação com plantas em inúmeros centros de saúde de *hortoterapia* espalhados por todo o mundo. Crianças em idade escolar com DDA (Distúrbio de Déficit de Atenção) mostraram um desempenho no estudo muito melhor na presença de plantas. Há uma década, o LINV, o laboratório que dirijo, também publicou uma pesquisa sobre o assunto. Submetemos um número elevado de alunos do segundo e do quarto ano (crianças de sete e nove anos) a uma série de testes de atenção, realizados em locais com ou sem plantas: em uma sala de aula com janelas que não davam para uma área verde ou no jardim arborizado da escola. Embora a sala de aula garantisse um ambiente indubitavelmente mais adequado à concentração (sem distrações, sem barulho...), os resultados obtidos no jardim na presença de plantas eram muito mais brilhantes.

Mas voltemos à importância das plantas para a vida humana no cosmos. Em 2014, a bordo da ISS (International Space Station [Estação Espacial Internacional], a estação espacial em órbita ao redor da Terra), o cultivo de vegetais começou em uma miniestufa chamada Veggie, que permitiu a produção não só de saladas, mas também, em janeiro de 2016, das primeiras esplêndidas flores cultivadas na ausência de gravidade (trata-se de zínias, para ser exato). Raymond Wheeler, diretor do setor de Atividades Avançadas de Suporte à Vida da NASA, reconheceu que esses experimentos produziram efeitos muito positivos sobre o humor dos astronautas. Assim, a pesquisa para a produção de módulos biorregenerativos para apoiar a vida no espaço se intensificou (Bioregenerative Life Support Systems, BLSS) com a realização de ecossistemas artificiais que imitam as interações entre microrganismos, animais e plantas típicas da ecologia terrestre, nos quais o descarte de cada categoria se torna um recurso para outra. Nesses módulos, o papel das plantas seria fundamental, sendo responsáveis pela produção de oxigênio e pela remoção de dióxido de carbono, graças ao processo de fotossíntese, à purificação da água pela transpiração e, obviamente, à produção de alimentos frescos. Criar plantas no espaço é, portanto, um requisito essencial para continuar a investigá-las. É fascinante pensar que a exploração espacial, que para os humanos sempre foi um dos pilares ao redor do qual imaginar o futuro, esteja inseparavelmente ligada a uma atividade tão antiga quanto a agricultura. Essa noção deveria ser gritada aos ouvidos dos engenheiros e físicos que sempre consideraram as agências espaciais prolongamentos da casa. Durante décadas, foi impossível encontrar um botânico – para não mencionar um agrônomo – entre os funcionários de uma agência espacial. As coisas mudaram há cerca de vinte anos. Mesmo os tecnocratas mais intransigentes tiveram que admitir que a presença de plantas era, de fato, um *vínculo* importante para a possibilidade concreta de explorarmos e colonizarmos o espaço.

Simplificando um pouco, para uma planta – assim como para qualquer organismo vivo –, o ambiente espacial difere do terrestre pelas diferentes condições de gravidade (geralmente menor) e pela maior influência dos raios cósmicos. Plantas cultivadas no espaço em condições de ausência de gravidade, embora às vezes apresentem problemas como aberrações cromossômicas ou alterações no ciclo biológico, normalmente conseguem se adaptar. Em geral, a microgravidade, bem como as condições de gravidade superiores à terrestre (hipergravidade), é fonte de estresse significativo para as plantas. No entanto, ao contrário de outros fatores estressantes como seca, temperaturas extremas, salinidade, anóxia (falta de oxigênio) e muitos outros com os quais o mundo vegetal se deparou durante sua evolução, a ausência de gravidade é algo novo para qualquer organismo terrestre. A razão disso é trivial. Em nosso planeta, tudo está sujeito a uma aceleração gravitacional média de $9,81 \, \text{m}/\text{s}^2$ (ou 1 g). A gravidade é, de fato, uma força fundamental que influencia qualquer fenômeno biológico (mas também físico ou químico) presente na Terra. A fisiologia dos organismos, o metabolismo, a estrutura, a maneira como eles se comunicam, a própria forma de todo ser vivo, tudo é plasmado por essa força.

Quando dizemos que a gravidade é uma força fundamental, queremos dizer que ela sempre existe. Mesmo em quantidades mínimas, ela existe. Por conseguinte, o conceito de gravidade zero é apenas teórico. Na verdade, em vez de gravidade zero, seria mais correto falar em microgravidade. Na Terra, existem diferentes maneiras de se obter, por curtos períodos, uma microgravidade suficiente (de 10^{-2} a 10^{-6} g) para experimentar as consequências. Para estudar os efeitos das mudanças de gravidade nas plantas, a Agência Espacial Europeia (ESA) disponibiliza outros sistemas para pesquisadores, além da ISS, como voos parabólicos, a torre de queda livre em Bremen, na Alemanha, os foguetes de sondagem e a supercentrífuga de Noordwijk, na Holanda.

A torre de queda livre tem 146 metros, foi construída pela Universidade de Bremen e em seu interior é possível realizar experimentos em queda livre (em condições similares à ausência de gravidade), cada uma com duração de 5 segundos. Os foguetes de sondagem são verdadeiros mísseis lançados da base de Kiruna, na Suécia, e podem receber experimentos sujeitos à ausência de gravidade por períodos de até 45 minutos. A supercentrífuga da ESA em Noordwijk pode abrigar experimentos que pesem até centenas de libras. Com esses instrumentos, é possível simular o efeito de valores de gravidade maiores que os terrestres, a partir dos 2,5 g, que poderiam ser obtidos em um planeta de massa igual à de Júpiter, até outros muito mais altos, aos quais as plantas poderiam ser submetidas durante os momentos de aceleração nas eventuais viagens espaciais.

Ao longo dos anos, meu laboratório utilizou cada um desses meios para estudar os efeitos da variação da gravidade na fisiologia das plantas. Um experimento do LINV, cujo objetivo era esclarecer quais eram os principais genes implicados na sinalização de estresse, ativados na ausência de gravidade, teve a honra de participar da última jornada do ônibus espacial Endeavour em 16 de maio de 2011. Os resultados obtidos permitiram formular a hipótese de que as mudanças de aceleração gravitacional, como eu disse, constituem um estresse sobre a fisiologia da planta. A boa notícia é que, à semelhança do que acontece com o estresse mais tradicional, é possível aclimatar as plantas para que tolerem melhor as variações gravitacionais.

Pária dos céus

Sempre amei a pesquisa espacial e o fascinante mundo de técnicos, cientistas, loucos e visionários que giram em torno dela. Assim, quando em 2004 a ESA aceitou nossa proposta de experiências para uma campanha de voo parabólico, meu primeiro pensamento foi: estou prestes a entrar para um dos clubes mais exclusivos do mundo, o do número altamente selecionado de pessoas que experimentaram a ausência de gravidade. Certamente, mais do que qualquer outro grupo, era daquele que eu havia sonhado em participar desde garoto, quando devorava livros de ficção científica no ritmo do recorde mundial.

Para participar de um voo parabólico, é preciso ter paciência e se submeter a um longo procedimento médico e burocrático. Documentos, formulários, pedidos, autorizações, exames médicos, testes... Mas vale a pena. Lembro-me perfeitamente de todos os momentos da minha primeira odisseia – depois participei de mais seis – a bordo do Airbus A300-ZeroG, o avião modificado que a ESA utiliza para as campanhas de voos parabólicos que partem do aeroporto de Bordeaux-Mérignac, na França.

Na semana anterior ao voo, nossa equipe ítalo-alemã havia instalado os instrumentos e os equipamentos necessários ao experimento que tínhamos planejado a bordo da aeronave. Queríamos estudar os primeiros sinais emitidos em nível celular pelas raízes das mudas de milho no momento em que estivessem na ausência de gravidade. O experimento era muito complexo. Exigia a medição de sinais elétricos fracos que, supúnhamos, seriam produzidos em uma área específica do ápice da raiz (que, é bom lembrar, se trata de um órgão sensorial sofisticado), menor que um milímetro, nos primeiros momentos de exposição à gravidade zero. As incógnitas eram inúmeras. Não tínhamos ideia de como as vibrações do avião afetariam as medidas muito delicadas. Não sabíamos se, durante o voo, as plantas se manteriam sãs o suficiente para que pudessem responder à mudança de gravidade com a prontidão necessária. Não sabíamos as condições que teríamos de enfrentar nem se poderíamos substituir as plantas durante os experimentos. Em resumo, estávamos completamente despreparados para trabalhar nessas condições experimentais sem precedentes. Minha opinião pessoal, embora eu nunca tivesse admitido, era que a coisa toda daria com os burros n'água...

Entre as muitas razões de preocupação, uma em particular angustiava todos os neófitos com os quais nos familiarizáramos durante a semana anterior; para mim, no entanto, não parecia tão relevante. Sabem qual era? Esses voos parabólicos eram conhecidos pelos efeitos deletérios no estômago dos participantes, tanto que foram carinhosamente apelidados de *vomit comet* [cometa do vômito]. Mas isso não me preocupava muito. Nunca sofri de enjoo – pensei ingenuamente – e não seria um problema estomacal banal que iria me impedir de conduzir experimentos e aproveitar minha primeira experiência com astronautas.

Depois de uma noite quase sem dormir imaginando tudo o que poderia dar errado, enfim chegou o dia fatídico e, com ele, a hora do cobiçado macacão azul da ESA fornecido aos participantes. Vesti-lo me fez sentir como um verdadeiro astronauta. E para mim era indiferente o fato de que a roupa era dois números maior que o meu tamanho. Tinha tudo de que precisava: era azul, com o distintivo reluzente da agência espacial e a inscrição "PARABOLIC FLIGHT CAMPAIGN" [campanha de voo parabólico]. Foi perfeito! A quantidade generosa de saquinhos para vômito que lotavam a maioria das dezenas de bolsos do macacão me provocava apenas um leve sorriso.

Durante o primeiro voo – a campanha é composta por três dias seguidos de voos parabólicos –, eu teria de avaliar o funcionamento dos instrumentos e, se tudo funcionasse corretamente, o que era muito duvidoso, poderia fazer alguns experimentos. O avião decolou e imediatamente nos levou para o Atlântico, onde a sequência de trinta parábolas começaria. Durante cada uma, teríamos cerca de vinte segundos de ausência de gravidade.

Cada parábola começa com uma fase de subida na qual o avião se eleva por cerca de trinta segundos a uma inclinação de cerca de 45°, com velocidade muito alta e submetendo os passageiros a uma aceleração de quase 2 g (é como se pesássemos o dobro). No auge da aceleração, o piloto para de alimentar os motores, e esse é o chamado voo balístico, no qual o avião se torna uma bala disparada na atmosfera e começa a ausência de gravidade. A transição da gravidade dupla para a gravidade zero é imediata. Você nem tem tempo de dizer: "Que ca... estou voando...???", que a mágica acontece. O corpo se desprende do chão e começa a flutuar no ar. *Acima* e *abaixo* perdem o sentido, e cada movimento se torna antinatural. Alguns comparam a ausência de gravidade a flutuar na água, outros com a queda em um precipício. É um sentimento que não pode ser descrito, porque não se parece com nada que um ser vivo tenha experimentado no curso da existência. É uma impressão tão nova que, durante a noite seguinte ao voo, aqueles que experimentaram a ausência de gravidade pela primeira vez sonham em repeti-la. É o cérebro que tenta ordenar essa sensação anômala no contexto das experiências vividas. O fato é que é muito agradável. Não ter peso! Flutuar no ar, andar no teto do avião, dar cambalhotas sem parar! Que maravilha! Da primeira parábola, como de outras "primeiras vezes" na vida, nunca nos esquecemos. Então o piloto acelera os motores e, do espírito que era, voltei a ser matéria.

Para minha surpresa, os experimentos seguiram o roteiro esperado e, desde a primeira parábola, embora eu tenha usado meu tempo quase exclusivamente para brincar com a ausência de gravidade, os computadores começaram a registrar potenciais de ação significativos (sinais elétricos semelhantes aos que se propagam entre os neurônios cerebrais), gerados precisamente na área que havíamos planejado e, com isso, transmitidos às regiões vizinhas do ápice radicular. Eu ainda não sabia, mas estávamos medindo o que, então, acabaram sendo os sinais mais rápidos produzidos por uma planta em resposta à ausência de gravidade! Apenas um segundo e meio após o início da microgravidade, os potenciais de ação foram produzidos na raiz e movidos para regiões adjacentes. Um resultado excepcional. Até então, o sinal mais rápido já registrado havia sido uma mudança no pH que ocorreu cerca de dez minutos após o início da microgravidade.

Mais uma vez, as plantas mostraram possuir capacidades de sentido muito superiores ao que jamais havíamos imaginado. Saber que a raiz respondia tão rapidamente às mudanças de gravidade abriu novas perspectivas. Nós talvez tenhamos encontrado o primeiro evento que, por meio de múltiplas adaptações fisiológicas sucessivas, permitiria que a planta se adaptasse a condições de gravidade diferentes da terrestre. Um primeiro passo que, ao lado das descobertas de muitos outros cientistas envolvidos no estudo da biologia espacial, um dia nos permitirá entender como as plantas, mestras de resistência e de adaptação, também podem se adaptar à ausência de gravidade.

Com espanto, eu observava os sinais se repetindo com regularidade a cada parábola seguinte. Foi um momento de pura felicidade. No mesmo dia e no mesmo voo, eu havia flutuado pela primeira vez sem peso e registrado o sinal mais rápido conhecido emitido por uma planta em resposta a uma diminuição na gravidade. Esses são os momentos com os quais todo cientista sonha. Obviamente, a felicidade são momentos fugazes, e não um estado estável da matéria. Todos os problemas começaram juntos em torno da vigésima parábola e, em pouco tempo, transformaram o dia perfeito em um pesadelo.

A ausência de gravidade é um negócio para lugares imaculados: na microgravidade, qualquer objeto, inclusive a sujeira, livre da escravidão do peso, fica disponível para flutuar. Desde a primeira parábola, no início da fase de microgravidade, a mágica atmosfera chagalliana de tantos cientistas que voltam a ser crianças correndo livres dentro do avião é arruinada com o aparecimento dos objetos voadores mais heterogêneos, com os quais vocês jamais esperariam colidir: chaves de fenda (extremamente perigosas devido à grande habilidade de acertar os olhos dos flutuadores), parafusos, copos, meias, lenços usados e embolados, latinhas vazias, brincos perdidos dias atrás por uma pesquisadora francesa e, por último, aparas, sobras, retalhos que não acabam mais: de ferro, alumínio, aço, latão e todo tipo de material que puderem imaginar, irritantes resíduos da preparação de experimentos.

Não estávamos preparados para essas condições ambientais: os grupos mais experientes haviam protegido tudo o que poderia ser danificado por resíduos de metal com redes adequadas de malha muito fina. Nós, não. E, assim, um minúsculo pedaço de metal entrou em um dos computadores de gravação e causou uma explosão. Não tenho ideia de quais procedimentos adotar no caso de explosões na ausência de gravidade. No nosso caso, a detonação, as chamas decorrentes e o cheiro nauseante de material elétrico queimado foram um pouco demais para os frágeis nervos dos meus companheiros de viagem – já muito abalados pela série de parábolas – e nos induziram a gestos imprudentes. Para dizer a verdade, não é fácil escapar na ausência da gravidade: por um lado, o instinto grita para correr a uma velocidade alucinante; por outro, o efeito obtido é uma torção descontrolada dos membros em movimentos desajeitados, tapas violentos e choques aéreos que não levam a nenhum deslocamento significativo na direção desejada, cujo único resultado é arruinar irreparavelmente as relações com os colegas.

Uma vez terminada a fase de insultos em dezenas de idiomas diferentes, quando ficou claro que o experimento que havia explodido era meu e que, portanto, eu poderia ser razoavelmente culpado por tudo, tornei-me a pessoa responsável pelo desastre, o bode expiatório, o único a quem culpar. Sob os olhares desdenhosos de meus colegas, lembrei-me de um dos livros de Isaac Asimov que eu mais amava quando jovem: *Pedra no céu*. O título se adequava perfeitamente à minha situação. Uma vez que o fogo foi extinto e os resultados obtidos até aquele momento foram resgatados, afastei-me tanto quanto possível do restante da tripulação, com a humildade exigida pela nova condição de pária. Não achei que a situação pudesse piorar. Estava errado.

Depois de décadas de convivência tranquila, sem nunca ter sofrido de enjoo, nem no mar nem em voos, e coisas assim, meu estômago decidiu que era o momento certo para me lembrar de sua existência. Muitas vezes tentei analisar, depois, o que fizera de errado, mas é um pouco como Waterloo para Napoleão: a catástrofe não teria ocorrido se a combinação

155

de vários fatores não tivesse determinado o curso de eventos que levaram à derrota do imperador francês. No meu caso, elementos muito mais banais foram combinados: um café da manhã farto com todo tipo de delícias francesas, feito para seguir o conselho dos médicos a bordo, certamente não ajudou meu estômago, acostumado a não ingerir pela manhã nada além de café e, às vezes quando estou com fome, uns biscoitos. Acrescente a isso a agitação pela queda do computador explodido, a inalação da fumaça tóxica exalada pelas partes queimadas, o cansaço, a privação de sono na noite anterior, os olhares dos colegas que ficavam entre o desprezo e a pena e, finalmente, o fato de que o avião continuava a subir e a descer no céu do Atlântico, realizando uma parábola atrás da outra. A tempestade perfeita, o efeito Waterloo, chame como quiser: o fato é que um minuto antes eu estava lá olhando com um sorriso de superioridade para os companheiros de viagem agarrados aos saquinhos de enjoo e, no momento seguinte, compartilhava do mesmo triste destino deles.

Assim terminou minha primeira experiência inesquecível com a ausência de gravidade. Nos dias seguintes, com um computador reserva e as redes protetoras ao redor dos instrumentos, todos os experimentos funcionaram maravilhosamente. Ao final, a experimentação em voo parabólico foi um sucesso do ponto de vista científico: conseguimos mostrar que a raiz respondia à gravidade com tempos muito mais rápidos do que se pensava e que os vinte segundos de microgravidade garantidos a cada parábola foram mais do que suficientes para estudar os primeiros sinais da cadeia de sinalização de resposta à microgravidade em plantas. Os dados coletados durante a primeira campanha mostraram a extrema reatividade das plantas e ajudaram a convencer a comunidade científica e as agências espaciais de que esses sujeitos de experimentação eram mais do que adequados às condições de estudo dos voos parabólicos.

Nos anos seguintes, participei de outras campanhas semelhantes, algumas com resultados ainda mais enriquecedores. Mas aquela primeira vez, com seus desastres, as sensações indescritíveis, a inexperiência, os resultados científicos e a inconsciência geral, sempre permanecerá em minha memória, junto com as outras "primeiras", como uma espécie de campanha publicitária sobre quão maravilhosa pode ser a vida de um cientista.

9

VIVENDO SEM ÁGUA DOCE

Oceano: corpo de água que ocupa cerca de dois terços de um mundo feito para o homem – que não tem brânquias.
AMBROSE BIERCE, *Dicionário do diabo*

A água é a substância da qual todas as coisas derivam; seu fluxo também explica as mudanças nas próprias coisas. Essa concepção deriva da observação de que animais e plantas se alimentam de umidade, que os alimentos são ricos em sucos e que os seres vivos secam após a morte.
TALES DE MILETO

Louvado sejas, meu Senhor, pela irmã Água, que é útil e humilde e preciosa e casta.
SÃO FRANCISCO DE ASSIS, *Laudes creaturarum ou Cântico do Irmão Sol*

A disponibilidade de água doce não é ilimitada...

Em 21 de maio de 2005, na cerimônia de formatura do Kenyon College, o escritor americano David Foster Wallace contou a seguinte anedota:

Há dois peixes jovens, um ao lado do outro, que conhecem um peixe mais velho que, nadando na direção oposta, acena para eles dizendo: "Bom dia, garotos. Como está a água hoje?". Os dois peixes jovens continuam a nadar durante algum tempo, depois um deles olha para o outro e pergunta: "Mas que diabo é a água?".

O problema da água hoje tem muito a ver com essa anedota. Para a maioria dos países ocidentais, a água é tão disponível, barata e, pelo menos aos nossos olhos, praticamente inesgotável que não reconhecemos sua verdadeira importância. Até mesmo a economia clássica percebeu o valor da água mais ou menos nos mesmos termos. David Ricardo escreve em *Princípios de economia política e tributação* (1817):

> De acordo com os princípios comuns de oferta e demanda, nada pode ser dado em troca do uso do ar e da água ou qualquer outro dom da natureza do qual houver uma quantidade ilimitada. O cervejeiro, o destilador, o tintureiro, para a produção de seus produtos, fazem uso constante de ar e de água, mas estes não têm preço porque a sua oferta é ilimitada.

Nos últimos anos, tornou-se cada vez mais evidente que, dada a crescente demanda, a escassez de água doce está se tornando um perigo para o desenvolvimento sustentável da sociedade humana. Em seu mais recente relatório anual sobre riscos globais, o Fórum Econômico Mundial cita a falta de água doce como a ameaça mais importante em termos de impacto potencial. As primeiras consequências de períodos prolongados de seca estão, infeliz e dramaticamente, diante dos nossos olhos. Uma pesquisa publicada pela Universidade da Califórnia traz evidências convincentes de que a terrível seca (a pior já registrada pelas medições instrumentais exis-

159

tentes) que, desde o inverno de 2006, por três anos consecutivos, atingiu a Síria e a grande área do Crescente Fértil, onde a própria agricultura nasceu há cerca de 12 mil anos, foi uma das principais causas que desencadearam a guerra civil na Síria. A seca prolongada foi um golpe mortal para a atividade agrícola nessa área já bastante limitada pela escassez crônica de água doce, obrigando à migração mais de um milhão e meio de pessoas que trocaram as áreas rurais pelas periferias de grandes centros urbanos, com consequências catastróficas.

Noventa e sete por cento da água do planeta provém do mar e, como tal, é inutilizável para o consumo humano, a agricultura e a indústria. Toda a demanda por água para uso humano é, portanto, fornecida pelos 3% restantes. Se considerarmos que outro 1% é inacessível porque constitui o gelo dos polos, apenas 2% ainda está disponível, que deve ser usado pela população mundial em constante crescimento e com uma melhora contínua de seus padrões de vida, o que exige cada vez mais água para atender às crescentes necessidades de produção industrial e da agricultura irrigada. Em termos absolutos, em nível global e em base anual, haveria água doce suficiente na Terra para atender a essa demanda, mas as variações no tempo e no espaço da demanda por água e sua disponibilidade são enormes. Assim, muitas regiões sofrem de escassez de água em determinadas épocas do ano. Em certo sentido, a própria essência dessa escassez é a defasagem geográfica e temporal entre a demanda por água doce e sua disponibilidade.

O problema de fornecimento desse recurso se tornará, portanto, cada vez mais importante no futuro próximo, devido ao crescimento da população global, que, pelo menos até 2050, atingirá a marca notável de cerca de 10 bilhões de pessoas. Essas pessoas precisarão de água doce para consumo pessoal e, acima de tudo, para a produção de alimentos.

Para tornar as dimensões do problema mais compreensíveis, imaginem que, de agora até 2050, teremos de produzir a mais alimentos suficientes para serem consumidos por toda a população da Terra de 1960, que era então cerca de 3 bilhões de pessoas. Em outras palavras, nos próximos trinta anos haverá a necessidade de alimentar um *novo planeta inteiro*. Visto dessa perspectiva, o problema aparece em sua imensidão e – embora eu não seja de forma alguma pessimista quanto à possibilidade de resolvê-lo – gravidade. Deveria, de fato, ser evidente que um aumento tão acentuado da população, se não acompanhado de uma mudança drástica nos padrões de produção e de consumo, poderia se mostrar insustentável para o planeta.

Para tornar, se é que é possível, ainda mais grave o problema da necessidade de alimentar mais 3 bilhões de pessoas, aqui estão alguns dados pouco animadores sobre a produção agrícola. O primeiro é que, nos últimos anos, em todo o mundo, sobretudo nas áreas mais desenvolvidas, houve forte desaceleração no aumento da produção. O fenômeno é tão importante que é necessário esclarecer melhor suas causas. Como é óbvio, diante da crescente demanda por alimentos, existem apenas duas possibilidades de intervenção: aumentar a produção e / ou expandir as terras cultivadas. Na última década, apesar do crescimento constante da produção mundial, como eu disse, tem havido um fenômeno preocupante de retenção do que é produzido nos países mais desenvolvidos. Uma das explicações possíveis – como alegam numerosos estudos – é que os rendimentos agrícolas se aproximam, em muitas regiões de agricultura avançada, da máxima produção biofísica da cultura em questão. Isso é válido para o arroz na China e no Japão, para o trigo no Reino Unido, na Alemanha e na Holanda e para o milho na Itália e na França.

Outro fator certamente deve ser atribuído às mudanças climáticas em curso. Um estudo de Navin Ramankutty (profes-

161

sor de segurança alimentar global e sustentabilidade na Universidade de British Columbia, no Canadá), publicado em 2016, quantificou pela primeira vez o custo global de desastres relacionados ao clima na segunda metade do século XX. Estudando 2 800 desastres hidrometeorológicos, secas e eventos térmicos extremos, ocorridos entre 1964 e 2007 em 177 países, constatou-se que esses fenômenos são responsáveis pelo mesmo período de reduções na produção de cereais (lembro que mais de 70% das calorias consumidas pela humanidade são provenientes desse grupo de alimentos) quantificáveis em torno de 10%.

Não é só isso. Nas nações mais desenvolvidas, esses fenômenos causaram quase o dobro da redução em comparação com a agricultura menos avançada. Na Austrália, na América do Norte e na Europa, os níveis de colheita diminuíram em média 19,9% devido à seca, ou cerca do dobro da média global. A diferença parece ser causada pela maior uniformidade dos cultivos industriais nos países avançados. Em certo sentido, isso confirma a evidência experimental dos perigos ligados à monocultura. Como todos os cereais da América do Norte são cultivados em grandes áreas de maneira uniforme no que diz respeito a espécies e métodos de cultivo, se por algum motivo um fator inesperado danificar a plantação, toda a produção sofrerá. Ao contrário, na maioria dos países em desenvolvimento, os cereais resultam de um mosaico de pequenos campos e de diferentes culturas. Algumas delas podem ser danificadas, mas outras podem sobreviver.

O aumento dos eventos extremos é uma das consequências mais óbvias da mudança climática, e todas as projeções sugerem que, no futuro próximo, enfrentaremos outros ainda mais frequentes e intensos. Devemos, portanto, esperar novas quedas nas colheitas nos próximos anos.

Se não aumentarem – e, de fato, em muitos casos, como resultado da mudança climática, diminuem –, a única solução possível para atender à crescente demanda por alimentos parece ser cultivar novas terras. Isso, no entanto, apresenta muitas complicações. Como assim? Vamos começar dizendo que desmatamentos em favor do cultivo de plantas alimentícias não são mais toleráveis. Assim, áreas fundamentais para o equilíbrio do planeta seriam destruídas, com o único propósito de obter terras cujo potencial produtivo diminuiria, tornando-se em um curto período estéreis. O jogo não vale a pena: o efeito negativo do desmatamento sobre o clima – e consequentemente sobre a produção agrícola – é muito maior do que o aumento temporário da produção com a expansão das lavouras. Qualquer política que proponha a resolução do problema alimentar com o desmatamento e o cultivo de territórios maiores traria consequências catastróficas para o planeta.

Além disso, uma grande extensão de terras potencialmente cultiváveis acaba não sendo por várias razões, muitas vezes, agravadas pela ação humana. Esse é o caso de solos salinos que seriam aproveitados se não fossem tóxicos devido à alta concentração de sal.

A salinidade do solo é um problema cuja importância não é bem conhecida. Estima-se que 3,6 dos 5,2 bilhões de hectares de áreas áridas utilizadas na agricultura em todo o mundo são salinos. Quase 10% da superfície terrestre (950 milhões de hectares) e 50% de toda a terra irrigada (230 milhões de hectares) no mundo têm problemas com a salinidade. As perdas anuais globais na produção agrícola por causa disso superam 12 bilhões de dólares e aumentam continuamente. Mesmo no caso de solos salinos, a mudança climática infelizmente tem um efeito negativo: o aumento do nível do mar, tanto pela infiltração de água salgada nas faixas de água doce quanto pela entrada em terra costeira, provoca um aumento contínuo na extensão do problema.

Os solos produtivos, no final, não são tantos quanto pareceriam à primeira vista. Pelo contrário, são raros e objeto de desejo de muitos, tanto que geram o ímpeto de governos preocupados em manter sua segurança alimentar por acumular terras potencialmente cultiváveis. O fenômeno, em crescimento, e suas dimensões despertam forte apreensão. De 2000 a 2012, foram registrados contratos para a exploração de aproximadamente 83 milhões de hectares – que representam mais de 2% das terras cultiváveis do mundo – sobretudo em países africanos como Sudão, Tanzânia, Etiópia e República Democrática do Congo. Áreas amplas da África, da América Latina e do Sudeste Asiático sofreram o mesmo destino, e, nos últimos anos, o fenômeno também está se expandindo para grandes áreas da Europa.

A segurança alimentar é o verdadeiro problema do século XXI. Como podemos garantir comida suficiente para uma população em crescimento? Como fazê-lo, apesar de a disponibilidade de terra produtiva e de recursos hídricos estar em franca diminuição? Para responder a essas necessidades urgentes, sem afetar ainda mais os recursos do planeta e sem agravar a já delicada questão climática, será necessário revolucionar nossa compreensão da produção agrícola. Uma solução possível, capaz de satisfazer a crescente demanda por alimentos e que também respeite as restrições impostas pela questão ambiental, poderia ser esta: mover parte da capacidade produtiva para os oceanos. Parece, à primeira vista, uma afirmação digna de ficção científica, mas, se analisarmos com cuidado, veremos que não há nada exagerado nisso. Da água do planeta, 97% é salgada, dois terços do globo estão cobertos de água. Os oceanos, sem dúvida, serão nossa nova fronteira muito antes de improváveis objetos extraterrestres. Para fazer isso, obviamente, teremos de superar as dificuldades técnicas e aumentar o número de espécies de plantas incluídas em nossa dieta, sobretudo aquelas tolerantes à salinidade. São problemas menores e certamente estão dentro da nossa capacidade de resolução.

Vivendo de água salgada

Uma agricultura adaptada a níveis mais altos de salinidade poderia representar uma resposta concreta ao declínio da disponibilidade de água doce e favorecer o cultivo mesmo em solos nessas condições. Todas as culturas convencionais são sensíveis ao sal. Mesmo as chamadas espécies *tolerantes*, que em todo caso são poucas, suportam no máximo uma irrigação de água doce misturada com 30% de água do mar. Acima dessas concentrações, há queda significativa na produção, devido a fenômenos de toxicidade para a planta. Por décadas, um número substancial de pesquisadores tem procurado melhorar a tolerância ao sal das plantas mais comumente cultivadas, infelizmente com poucos resultados.

Embora tenham tentado as mais diversas estratégias de fortalecimento, parece muito difícil no momento prever o desenvolvimento de culturas convencionais capazes de crescer em ambientes salinos. Para encontrar novas ideias nessa área, nos últimos anos começamos a observar um grupo de plantas que resolveram o problema de crescer em áreas com alta salinidade por si mesmas. São as halófitas (do grego *alo*, "sal", e *fito*, "planta"), nativas de áreas naturalmente salinas (desertos de sal, áreas costeiras, lagoas salobras etc.) e capazes de crescer e de se reproduzir em solos que matariam qualquer outra espécie. A domesticação e o cultivo dessas plantas, muitas das quais são comestíveis para humanos e animais, permitiriam o uso de água salobra e marinha para irrigação e tornariam produtivas as áreas costeiras ou afetadas pela alta salinidade. Além disso, o estudo dessa ampla gama de adaptações morfológicas, fisiológicas e bioquímicas que permitem que as halófitas resistam ao sal poderia nos revelar uma possível solução para tornar tolerantes as plantas comuns.

Imaginem se as halófitas – ou pelo menos plantas tolerantes ao sal – fossem cultivadas em fazendas flutuantes no mar. Sem se preocupar com o espaço ou a água, o problema da segurança alimentar seria resolvido para sempre.

Jellyfish Barge – a estufa flutuante

Há cerca de dois anos, por ocasião de um evento organizado por Ilaria Fendi em sua propriedade, a Casali del Pino, em Roma, conheci Cristiana Favretto e Antonio Girardi, um jovem casal de arquitetos bastante interessados no mundo vegetal como fonte de inspiração tecnológica. Durante os últimos anos, esse casal, muito unido pessoal e profissionalmente, dedicou-se a transpor alguns conceitos básicos da botânica para o mundo da arquitetura e obteve resultados muito originais. Os interesses comuns, a excentricidade visionária de seus projetos e a simpatia instintiva que me despertaram nos levaram naturalmente a discutir nossas respectivas experiências e projetos em andamento. Assim conheci a Jellyfish Barge. Antonio e Cristiana estavam desenvolvendo a ideia de uma estufa flutuante, capaz de transformar água salgada em água doce e usá-la para irrigar as plantas em seu próprio interior. Nos sugestivos esboços preliminares, a estufa era composta de uma cúpula transparente de cuja base saíam dois longos canos – necessários para absorver água salgada – que, como tentáculos, mergulhavam na água. Suas formas lembravam muito o corpo

166

de uma água-viva, tanto que chamá-la de Jellyfish ("água-viva", em inglês) era uma escolha quase obrigatória para eles. Achei a ideia não apenas fascinante, mas acima de tudo um passo fundamental na direção daquelas fazendas marinhas nas quais vinha pensando havia algum tempo.

Começamos a examinar os muitos problemas técnicos para resolver e a nos perguntar se era plausível tentar traduzir a ideia em um protótipo real e funcional. Convidei-os para uma visita a Florença, ao LINV, para aprofundar a discussão e procurar a maneira mais eficiente de colaborar. Durante semanas pensando em como tornar a Jellyfish a estufa do futuro, adicionamos mais e mais requisitos ao que deveria ser feito nessa pequena fazenda marinha. Enfim, concluímos um projeto fascinante e muito ambicioso. Nosso objetivo era criar um sistema autônomo para a produção de alimentos vegetais que não necessitassem de terras cultiváveis, não consumissem nem sequer uma gota de água doce e fossem alimentados apenas com energia solar ou com outras formas de energia limpa, como o vento e as ondas. Nada menos que isso nos deixaria satisfeitos. Queríamos criar um tipo de milagre que produzisse alimentos sem consumir recursos. A Jellyfish deveria ser nossa contribuição para resolver o problema da segurança alimentar no planeta. Então, adicionamos a palavra *barge* (jangada) ao nome, junto com água-viva. A Jellyfish Barge (jangada água--viva) seria o bote salva-vidas que permitiria a produção de alimentos mesmo nas condições mais catastróficas.

É preciso lembrar uma coisa: produzir sem consumir recursos é um pouco a pedra filosofal da produção sustentável. É um objetivo muito difícil de alcançar; um desafio quase impossível. No início, apesar da boa vontade e do trabalho incessante da equipe que criamos – Antonio e Cristiana se juntaram a Elisa Azzarello, Elisa Masi e Camilla Pandolfi, para nos ajudar na realização do projeto –, não conseguimos equilibrar as múltiplas necessidades. Encontramos respostas para alguns requisitos, mas não para todos ao mesmo tempo; era possível não usar água doce, mas a demanda energética aumentava, e, se quiséssemos gastar menos energia, não poderíamos fazê-lo com uma cultura hidropônica (ou seja, o cultivo de plantas em um líquido nutritivo). Quanto mais o tempo passava, mais parecia que nosso projeto visionário era inviável. Além disso, para não perder nada, colocamos uma restrição adicional: cada componente da Jellyfish Barge deveria ser completamente reutilizável e, quando possível, obtido por meio de reciclagem.

Nos meses seguintes, os muitos problemas em que estávamos trabalhando começaram a parecer insolúveis. Toda tentativa sempre nos levava ao mesmo resultado decepcionante. Por um tempo, andamos em círculos em torno de aspectos do projeto de uma maneira totalmente inconclusiva. Estávamos bloqueados por muitas amarras das quais não sabíamos como nos livrar, até que decidimos voltar à ideia original: nos inspirar no mundo das plantas; encontrar na natureza a solução para os problemas tecnológicos que nos afligem.

Antonio e Cristiana redesenharam a Jellyfish para que ela também correspondesse estruturalmente ao modelo básico de acordo com o qual uma planta se desenvolve. O primeiro passo foi tornar a Jellyfish modular. Assim como uma planta é composta de módulos repetidos de acordo com o tamanho, a Jellyfish precisava ser capaz de funcionar tanto sozinha (como uma única estufa autônoma flutuante) como em conjuntos cada vez maiores, adequados para cultivar grandes quantidades de mudas. A forma básica escolhida para o módulo único foi o octógono, a figura geométrica perfeita para uma boa gestão de espaço e que garantiu a manutenção de áreas livres para transporte ou para operações comuns se vários módulos fossem reunidos.

Também nos inspiramos na natureza e nas plantas para projetar o componente que mais nos causou problemas: o sistema de dessalinização da água do mar. Lembrei-me de Leonardo da Vinci e de sua descrição sucinta do ciclo da água, no *Códice Atlântico*: "Então, é possível concluir que a água vai dos rios para o mar e do mar para os rios". Ora, se pensarmos no ciclo natural da água, perceberemos que ele também é um poderoso dessalinizador. Quando ocorre a evaporação da água do mar, os sais dissolvidos permanecem na água em estado líquido. Assim, quando esse vapor forma nuvens, se recondensa e cai em forma de chuva, ela é constituída de água doce. Através da evaporação alimentada pelo sol, enormes quantidades de água são dessalinizadas todos os dias. As plantas participam desse ciclo natural por meio da transpiração da água pela folhagem. Florestas como a amazônica transpiram em grande quantidade para influenciar a formação do clima do planeta, e algumas árvores, como os manguezais, são capazes de transpirar a água do mar diretamente.

Portanto, identificamos a dessalinização solar como o sistema mais adequado para produzir a água doce necessária, além de ser um procedimento incrivelmente simples: a água evapora sob a ação do sol e depois passa para o estado líquido por meio da condensação em um ambiente mais frio. O processo, como descobrimos durante o trabalho, foi usado por soldados americanos durante a Segunda Guerra Mundial para obter água doce, mesmo nas situações mais desesperadoras, como aquela clássica e literária de sobrevivência em uma ilha deserta sem fontes adequadas para o consumo. O exército americano havia até produzido um kit especial que, explorando os raios do sol tropical, conseguia extrair da água do mar toda a água potável necessária para a sobrevivência de uma pessoa. Por um tempo, também tentamos obter um desses kits, mas sem sucesso. No entanto, o princípio de funcionamento era muito claro, e, em pouco tempo, conseguimos projetar dessalinizadores que, a partir do aquecimento solar, geravam mais de duzentos litros de água doce por dia nas latitudes do Mediterrâneo; mais do que suficiente para a necessidade do sistema hidropônico que permitiria o crescimento das plantas na estufa.

Uma vez resolvidos os problemas de abastecimento de água, estávamos prontos para construir o primeiro protótipo. Mas, para isso, tivemos de encontrar um investidor que acreditasse no projeto. Era uma tarefa mais fácil do que o esperado: todos gostavam da Jellyfish, e a importância de produzir alimentos sem usar recursos apreciáveis era mais do que evidente. A Fundação Cassa di Risparmio, de Florença, gostou muito do projeto desde o início e tornou-se nosso principal patrocinador financeiro.

Em pouco tempo, fizemos o primeiro protótipo funcional. Tudo andava perfeitamente. A estufa flutuava, o sistema de cultivo hidropônico se mantinha, a água era obtida dos dessalinizadores nas quantidades necessárias. O único inconveniente era a qualidade da água, que era pura demais para os nossos propósitos. Quando obtida pela dessalinização solar, a água é comparável à água destilada e não contém nenhum elemento mineral. Para superar essa complicação e, ao mesmo tempo, aumentar o suprimento utilizável, misturamos a água gerada pelos dessalinizadores com 10% de água retirada do mar. Dessa forma, ela foi enriquecida com os sais minerais, sem induzir nenhum fenômeno tóxico nas culturas. A Jellyfish começou a funcionar muito bem e a cultivar hortaliças a todo vapor. Em um mês, a estufa flutuante produziu cerca de quinhentos pés de verduras prontas para o consumo, e muitos perceberam que o cultivo de vegetais sem consumir recursos não era um sonho impossível. A ideia visionária encontrou a aplicação concreta. As plantas cultivadas na estufa eram a nossa contribuição para um futuro sustentável.

170

A Jellyfish Barge foi um dos projetos italianos apresentados na Expo de Milão em 2015, e centenas de milhares de pessoas tiveram a oportunidade de vê-la flutuar e de visitá-la no ex-estaleiro da capital lombarda. Foi exibida em muitas cidades ao redor do mundo e ganhou inúmeros prêmios internacionais, alguns dos quais muito importantes e promovidos pelas Nações Unidas. Além disso, ela é realmente bonita, como testemunham os prêmios de arquitetura ganhos; no entanto, não parece interessar aos investidores. Embora tenha sucesso no aparente milagre de produzir hortaliças sem consumir recursos, o mercado não parece se importar muito com isso. Como um dos meus colegas disse uma vez, não sem certa satisfação: "Os projetos ou ganham prêmios ou vão para o mercado". Parece que a Jellyfish é apenas para ganhar prêmios.

É uma pena. Certamente a Jellyfish pode ser melhorada, tornar-se mais eficiente e produtiva, mas o mais importante é que funciona. Vocês percebem o que significa produzir alimentos sem a necessidade de solo fértil, de água doce e de outras fontes energéticas além da solar? Eu imaginava filas de empreendedores interessados em desenvolver a ideia fora do laboratório. Todos nós esperávamos por isso. Foi fácil encontrar um patrocinador que acreditasse na ideia no início da aventura, achamos que seria ainda mais fácil encontrar algum empresário esclarecido quando então tínhamos protótipos em funcionamento e milhares de prêmios. Em vez disso, quase nada. Sim, alguém mostrou interesse, mas não durou muito tempo. Certamente é culpa nossa, mas lidar com o mercado é cansativo. É um mundo fechado, litúrgico, muitas vezes provinciano e com solicitações que assustam a maioria dos pesquisadores.

Por exemplo, hoje você não vai a lugar nenhum sem um plano de negócios. Os investidores perguntam sobre ele antes de saber seu nome. "Você não tem um plano de negócios?" Depois de um primeiro momento de descrença em estar diante de alguém sem esse requisito, os mais corteses balançam a cabeça desconsoladamente e abrem os braços em um gesto claro de impossibilidade, mesmo querendo te ajudar. Mas os educados são poucos, a maioria deles, nitidamente, não consegue disfarçar o desprezo. Mas como? Você se apresenta, roubando longos minutos de seu tempo precioso – que, vamos sempre lembrar, é dinheiro – e não tem um plano de negócios? Tem pelo menos um *elevator pitch* [explanação de elevador]? O quê? Espero que saiba o que é um *elevator pitch*: desconhecê-lo o impediria para sempre de fazer parte do mundo dos grandes negócios, relegando-o ao papel de espectador pobre e ingênuo. Eu obviamente não sabia disso, mas, como gosto de estudar, me informei.

Então, o conceito é que uma ideia possa ser resumida em um tempo que varia de um a dois minutos, ou seja, o tempo que um elevador leva para terminar seu trajeto. Eu imagino que se trate de um elevador americano de arranha-céus. O meu, em Florença, leva vinte segundos para me levar ao quarto andar e é lento. "Por que o elevador?", vocês vão perguntar. Eu me perguntei. Parece que a razão está na possibilidade de encontrar alguém importante no elevador para falar sobre uma ideia. Nesse sentido, a Wikipédia é esclarecedora: "O termo deriva de um encontro casual com uma pessoa importante no elevador. Se a conversa nesses poucos segundos for interessante e produzir valor agregado, pode terminar com uma troca de cartões de visita ou uma reunião agendada". Caramba! Pegar um elevador nos Estados Unidos parece ser uma experiência emocionante. Nunca se sabe com quem você pode encontrar. Mas e na Itália? Quem seria possível encontrar em um elevador? Eu, por exemplo, só pego um quando chego em casa, para ir até o quarto andar, onde moro, e nem sempre, porque muitas vezes subo as escadas para me exercitar um pouco. E nunca o uso para descer, porque do quarto ao primeiro andar chego antes a pé e, em todo caso, conheço todos no prédio e ninguém poderia me financiar a Jellyfish.

Mas então, na opinião de vocês, alguém já realizou um *elevator pitch* de verdade no lugar canônico onde deveria ser feito? Espero que não. Vocês podem imaginar isso? Uma pessoa entra no elevador e, em vez de ficar quieta ou, se for expansiva, começar uma conversa clássica de vinte segundos sobre o tempo, ela olha para quem estiver ali, acha que ele é importante, talvez porque esteja vestido para ir à crisma do sobrinho, e o ataca expondo ideias, figuras, hipóteses de mercado e estatísticas em uma velocidade de mil palavras por minuto. Não sei nos Estados Unidos, mas aqui em Florença seria muito assustador. Tento imaginar uma situação em que um *elevator pitch* possa ser útil, mas nenhuma me vem à mente. Talvez uma explanação no ônibus, no bonde, no café ou até na fila do supermercado eu conseguiria entender; no elevador, não. Não existe possibilidade em que possa ser útil. Nunca.

No entanto, todo mundo pede isso. É preciso pensar sobre como alguns conceitos são impostos, apesar de sua óbvia inutilidade. Ao explicar a um investidor que você tem um projeto que produz comida sem usar nenhum recurso, espera-se pelo menos um interesse educado, pelo menos aquela gentileza que se deveria ter em relação às pessoas que não são muito boas da cabeça, mas, em vez disso, sem piscar, ele pede planos de negócios e *elevator pitch*. Mesmo que você não esteja em um elevador, mas em um escritório muito confortável, com a pessoa à sua frente em uma manhã livre, em que facilmente pode lhe dedicar cinco minutos enquanto você explica como o projeto funciona... Não: é necessário que você faça o *elevator pitch*.

É demais! Nós tentamos e perdemos muito tempo: preparamos até um bom *elevator pitch* e um bom plano de negócios, não queríamos nos recusar a atender a essas exigências, mas as dificuldades continuavam imbatíveis. Dou apenas um exemplo: no plano de negócios, produzir um pé de alface com o custo da Jellyfish parecia ser mais caro do que em uma estufa normal. Não muito, mas, sim, um pouco mais. É óbvio que seja assim: se no preço da alface produzida numa estufa normal também fossem levados em conta os custos para o ambiente e os recursos consumidos, então o equilíbrio seria muito diferente e muito favorável à alface produzida na Jellyfish. Mas isso não interessa a ninguém. O ambiente em que vivemos, todo o planeta em certo sentido, é grátis. Como a água ou o ar para David Ricardo em 1817. Nada mudou em dois séculos. Certamente os recursos podem ser consumidos por todos de graça, sem um plano de negócios. O que interessa ao mercado é um sistema que permita aumentar os lucros, e não algo que possibilite às pessoas se alimentar sem esgotar os recursos do planeta. Isso interessa aos hippies, no máximo ao papa Francisco, não aos consolidados donos do dinheiro. No entanto, não desanimemos; mais cedo ou mais tarde, inevitavelmente, será necessário cultivar o mar para produzir alimentos. Saibam que a Jellyfish Barge já está pronta para funcionar.

bibliografia

ALDRIN, Edwin E.; Neil ARMSTRONG & Michael COLLINS. *First on the Moon: A Voyage with Neil Armstrong, Michael Collins and Edwin E. Aldrin Jr.* Nova York: Little, Brown and Company, 1970.

ALMENBERG, Johan & Thomas PFEIFFER. "Prediction Markets and their Potential Role in Biomedical Research: A Review". *Biosystems*, vol. 102, 2–3, 2010, pp. 71–76.

ARROW, Kenneth J. et al. "Economics: The Promise of Prediction Markets". *Science*, Washington, DC, 320, 5.878, 2008, pp. 877–78.

ASIMOV, Isaac. *Pedra no céu* [1950], trad. Aline Storto Pereira. São Paulo: Aleph, 2016.

BALUŠKA, František & Stefano MANCUSO. "Vision in Plants via Plant-Specific Ocelli?". *Trends in Plant Science*, 21, 9, 2016, pp. 727–30.

_____; Simcha LEV-YADUN & Stefano MANCUSO. "Swarm Intelligence in Plant Roots". *Trends in Ecology and Evolution*, 25, 12, 2010, pp. 682–83.

_____; Stefano MANCUSO & Dieter VOLKMANN (orgs.). *Communication in Plants: Neuronal Aspects of Plant Life*. Berlim: Springer, 2006.

BARLOW, Peter W. "Gravity Perception in Plants: A Multiplicity of Systems Derived by Evolution?". *Plant, Cell & Environment*, 18, 9, 1995, pp. 951–62.

BARRACLOUGH, Peter B.; Lawrence J. CLARK & William WHALLEY. "How do Roots Penetrate Strong Soil?". *Plant and Soil*, 255, 2003, pp. 93–104.

BARTSEV, Sergey I.; Enzhu HU & Hong LIU. "Conceptual Design of a Bioregenerative Life Support System Containing Crops and Silkworms". *Advances in Space Research*, 45, 7, 2010, pp. 929–39.

BEECKMAN, Tom & Amram ESHEL (orgs.). *Plant Roots: The Hidden Half*. Boca Raton: CRC Press, 2013.

BENBROOK, Charles M. "Trends in Glyphosate Herbicide Use in the United States and Globally". *Environmental Sciences Europe*, Londres, 28, 1, 2016, p. 3.

BOECKER, Henning et al. "The Runner's High: Opioidergic Mechanisms in the Human Brain". *Cerebral Cortex*, Oxford, 18, 11, 2008, pp. 2.523–31.

BONABEAU, Eric; Marco DORIGO & Guy THERAULAZ. *Swarm Intelligence: From Natural to Artificial Systems*. Oxford: Oxford University Press, 1999.

BORGES, Jorge Luis. "O idioma analítico de John Wilkins". *Outras inquisições* (1952), trad. Davi Arrigucci Jr. São Paulo: Companhia das Letras, 2007.

BRAUN, Alexander. "The Vegetable Individual, in its Relation to Species". *The American Journal of Science and Arts*, Connecticut, 19, 1855, pp. 297–318.

BROWN, Sam P. & William Donald HAMILTON. "Autumn Tree Colours as a Handicap Signal". *Proceedings of the Royal Society of London B*, Londres, 268, 1.475, 2001, pp. 1.489–93.

BYRNES, Nadia K. & John E. HAYES. "Personality Factors Predict Spicy Food Liking and Intake". *Food Quality and Preference*, 28, 1, 2013, pp. 213–21.

CASSMAN, Kenneth G.; Kent M. ESKRIDGE & Patricio GRASSINI. "Distinguishing between Yield Advances and Yield Plateaus in Historical Crop Production Trends". *Nature Communications*, Londres / Xangai / Nova York / Berlim, 4 (2.918), 2013.

CLÉMENT, Romain J. G. et al. "Collective Cognition in Humans: Groups Outperform their Best Members in a Sentence Reconstruction Task". *Plos ONE*, San Francisco, 8, 10, 2013.

CONRADT, Larissa & Timothy J. ROPER. "Consensus Decision Making in Animals". *Nature*, Londres, 421, 2003, pp. 155–58.

COUZIN, Iain D. "Collective Cognition in Animal Groups". *Trends in Cognitive Sciences*, 13, 1, 2009, pp. 36–43.

DACKE, Marie. & Thomas NØRGAARD. "Fog-basking Behaviour and Water Collection Efficiency in Namib Desert Darkling Beetles". *Frontiers in Zoology*, 7, 23, 2010.

DARWIN, Charles. *Journal of Researches into the Geology and Natural History of the Various Countries Visited by* H. M. S. Beagle, *under the Command of Captain Fitzroy, R. N., from 1832 to 1836*. Nova York: D. Appleton and Company, 1878.

_____. *The Correspondence of Charles Darwin. Vol. 2: 1837–1843*, in BURKHARDT, Frederick & Sydney SMITH (orgs.). Cambridge: Cambridge University Press, 1987.

DARWIN, Erasmus. *Phytologia: Or the Philosophy of Agriculture and Gardening*. Londres: Johnson, 1800.

DARWIN, Francis. "Lectures on the Physiology of Movement in Plants. V: The Sense-organs for Gravity and Light". *New Phytologist*, Nova Jersey, 6, 1907, pp. 69–76.

_____. "The Address of the President of the British Association for the Advancement of Science". *Science – New Series*, Washington, DC, 716, 28, 1908, pp. 353–62.

DA VINCI, Leonardo. *Trattato della pittura. Parte VI: Degli alberi e delle verdure. N. 833: Della scorza degli alberi*. Roma: Newton Compton, 2015.

DAWSON, Colin; Anne-Marie ROCCA & Julian F. V. VINCENT. "How Pine Cones Open". *Nature*, Londres, 390, 1997, p. 668.

DE CANDOLLE, Augustin-Pyramus. & Jean-Baptiste LAMARCK. *Flore française, ou descriptions succinctes de toutes les plantes qui croissent naturellement en France*. Paris, 1805.

DELPINO, Federico. "Rapporti tra insetti e nettari extranuziali nelle piante". *Bollettino della Società Entomologica Italiana*, Pavia, 6, 1874, pp. 234–39.

DICKE, Marcel; Louis M. SCHOONHOVEN & Joop J. A. van LOON. *Insect-plant Biology*. Oxford: Oxford University Press, 2005.

EPLEY, Nicholas & Nadav KLEIN. "Group Discussion Improves Lie Detection". *Proceedings of the National Academy of Sciences of the United States of America*, Washington, DC, 112, 24, 2015, pp. 7.460–65.

FABRE, Jean-Henri Casimir. *La Plante: Leçons à mon fils sur la botanique*. Paris: Librairie Charles Delagrave, 1876.

FÓRUM ECONÔMICO MUNDIAL. *The Global Risks*, 2016.

FRANKLIN, Benjamin. "From Benjamin Franklin to Jonathan Williams Jr., 8 April 1779". OBERG, Barbara B. (org.) *The Papers of Benjamin Franklin. Vol. 29: March 1 through June 30, 1779*. New Haven: Yale University Press, 1992, pp. 283–84.

GARVIN, David Alan; Karim R. LAKHANI & Eric LONSTEIN. "Top-Coder (A): Developing Software Through Crowdsourcing". *Harvard Business School Case Collection*, Massachusetts, caso n. 610–032, 2010.

GAVELIS, Gregory S. et al. "Eye-like Ocelloids are Built from Different Endosymbiotically Acquired Components". *Nature*, Londres, 523, 7.559, 2015, pp. 204–07.

GIGERENZER, Gerd. *O poder da intuição* [2007], trad. Alexandre Rosas. Rio de Janeiro: BestSeller, 2009.

GOETHE, Johann Wolfgang von. *Versuch die Metamorphose der Pflanzen zu erklären*. Gotha: C. W. Ettinger, 1790.

GREACEN, Emmet Lewis & Jong-Suk OH. "Physics of Root Growth". *Nature New Biology*, 235, 1972, pp. 24–25.

HABERLANDT, Gottlieb. *Die Lichtsinnesorgane der Laubblätter*. Leipzig: W. Engelmann, 1905.

HALLÉ, Francis. *Éloge de la plante: Pour une nouvelle biologie*. Paris: Seuil, 1999.

HAYAKAWA, Shiro et al. "Function and Evolutionary Origin of Unicellular Camera-type Eye Structure". *Plos ONE*, San Francisco, 10, 3, 2015.

HOOKER, Joseph Dalton. "On *Welwitschia*, a new Genus of *Gnetaceae*". *Transactions of the Linnean Society of London*, Londres, 24, 1, 1863, pp. 1–48.

HUXLEY, Leonard (org.). *Life and Letters of Sir Joseph Dalton Hooker*. Londres: John Murray, 1918. Vol. 2, p. 25.

JU, Jie et al. "A Multi-structural and Multi-functional Integrated Fog Collection System in Cactos". *Nature Communications*, Londres/Xangai/Nova York/Berlim, 3, 1.247, 2012.

KELLEY, Colin P. et al. "Climate Change in the Fertile Crescent and Implications of the Recent Syrian Drought". *Proceedings of the National Academy of Sciences of the United States of America*, Washington, DC, 112, 11, 2015, pp. 3.241–46.

KERR, Norbert L. & Scott TINDALE. "Group Performance and Decision Making". *Annual Review of Psychology*, Palo Alto, 55, 2004, pp. 623–55.

KRAUSE, Jens; Stefan KRAUSE & Graeme D. RUXTON. "Swarm Intelligence in Animals and Humans". *Trends in Ecology and Evolution*, 25, 1, 2010, pp. 28–34.

LESK, Corey; Navin RAMANKUTTY & Pedran ROWHANI. "Influence of Extreme Weather Disasters on Global Crop Production". *Nature*, Londres, 529, 7.584, 2016, pp. 84–87.

LINDQUIST, Susan et al. "Luminidependens (LD) Is an Arabidopsis Protein with Prion Behavior". *Proceedings of the National Academy of Sciences of the United States of America*, Washington, DC, 113, 21, 2016, pp. 6.065–70.

MA, Mingming et al. "Bio-inspired Polymer Composite Actuator and Generator Driven by Water Gradients". *Science*, Washington, DC, 339, 6.116, 2013, pp. 186–89.

MANCUSO, Stefano et al. "Plant Neurobiology: An Integrated View of Plant Signaling". *Trends in Plant Science*, 11, 8, 2006, pp. 413–9.

_____ & Barbara MAZZOLAI. "Il Plantoide: Un possibile prezioso robot ispirato al mondo vegetal". *Atti dei Georgofili 2006*, Florença, série VIII, v. 3, tomo II, 2007, pp. 223–34.

_____ et al. "Root Apex Transition Zone: A Signalling-response Nexus in the Root". *Trends in Plant Science*, 15, 7, 2010, pp. 402–8.

_____ et al. "The Plant as a Biomechatronic System". *Plant Signaling & Behavior*, Londres, 5, 2, 2010, pp. 90–3.

_____ et al. "Swarming Behavior in Plant Roots". *Plos ONE*, San Francisco, 7, 1, 2012.

_____ & Alessandra VIOLA. *Verde brillante: Sensibilità e intelligenza del mondo vegetale*. Florença / Milão: Giunti, 2013.

_____ et al. "Experience Teaches Plants to Learn Faster and Forget Slower in Environments where it Matters". *Oecologia*, Berlim, 175, 1, 2014, pp. 63–72.

_____ et al. "Gravity Affects the Closure of the Traps in *Dionaea muscipula*". *Biomed Research International*, Londres, 2014.

_____ et al. "Subsurface Investigation and Interaction by Self-burying Bio-inspired Probes: Self-burial Strategy and Performance in *Erodium cicutarium* – SeeDriller". Relatório final, ESA act, 2014.

_____ . *Uomini che amano le piante: Storie di scienziati del mondo vegetale*. Florença / Milão: Giunti, 2014.

_____ et al. "The Electrical Network of Maize Root Apex is Gravity Dependent". *Scientific Reports*, 5, 7.730, 2015.

MCCLUNG, C. Robertson. "Plant circadian rhythms". *The Plant Cell*, 18, 4, 2006, pp. 792–803.

MELLERS, Barbara et al. "Psychological Strategies for Winning a Geopolitical Forecasting Tournament". *Psychological Science*, Washington, DC, 25, 5, 2014, pp. 1.106–15.

MURAWSKI, Darlyne. "Genetic Variation within Tropical Tree Crowns", in HALLÉ, Francis et al. (orgs.). *Biologie d'une canopée de forêt équatoriale. III: Rapport de la mission d'exploration scientifique de la canopée de Guyane, octobre-décembre 1996*, Paris / Lyon: Pronatura International e Opération Canopée, 1998.

NEPI, Massimo. "Beyond Nectar Sweetness: The Hidden Ecological Role of Non-protein Amino Acids in Nectar". *Journal of Ecology*, Londres, 102, 1, 2014, pp. 108–15.

NICOLSON, Susan W. & Robert W. THORNBURG. "Nectar chemistry", in NICOLSON, Susan W.; Massimo NEPI & Ettore PACINI (orgs.). *Nectaries and nectar.* Dordrecht: Springer, 2007, pp. 215–64.

OLIVEIRA, Paulo S. & Victor RICO-GRAY. *The Ecology and Evolution of Ant-plant Interactions.* Chicago: The University of Chicago Press, 2007.

PLATÃO. *Protágoras de Platão*, trad. Daniel R. N. Lopes. São Paulo: Perspectiva, 2017.

QADIR, Manzoor et al. "Productivity Enhancement of Salt-affected Environments Through Crop Diversification". *Land Degradation and Development*, 19, 4, 2008, pp. 429–53.

RIADH, Ksouri et al. "Responses of Halophytes to Environmental Stresses with Special Emphasis to Salinity". *Advances in Botanical Research*, 53, 2010, pp. 117–45.

RICARDO, David. *On the Principles of Political Economy and Taxation.* Londres: John Murray, 1817.

RISEN, Clay. "The World's Most Advanced Building Material Is... Wood. And It's Going to Remake Skyline". *Popular Science*, Nova York, 284, 3, 2014.

ROYAL BOTANIC GARDENS, Kew (org.). *State of the World's Plants*, relatório de 2016.

RUAN, Cheng-Jiang et al. "Halophyte Improvement for a Salinized World". *Critical Reviews in Plant Sciences*, Londres, 29, 6, 2010, pp. 329–59.

SANBONMATSU, Karissa Y. et al. "COOLAIR Antisense RNAs from Evolutionarily Conserved Elaborate Secondary Structures". *Cell Reports*, Cambridge, 16, 12, 2016, pp. 3.087–96.

SCHUERGERS, Nils et al. "Cyanobacteria Use Micro-optics to Sense Light Direction". *eLife*, Cambridge, 5, 2016.

SCOVILLE, Wilbur L. "Note on Capsicums". *The Journal of the American Pharmaceutical Association*, Washington, DC, 1, 5, 1912, pp. 453–54.

SUROWIECKI, James. *A sabedoria das multidões* [2004], trad. Alexandre Martins. Rio de Janeiro: Record, 2006.

TRANSNATIONAL INSTITUTE. *Land Concentration, Land Grabbing and People's Struggles in Europe*, 2013.

VAVILOV, Nikolai Ivanovich. *Origin and Geography of Cultivated Plants*. Cambridge: Cambridge University Press, 1992.

WAGER, Harold. "The Perception of Light in Plants". *Annals of Botany*, Oxford, 23, 3, 1909, pp. 459–90.

WALLACE, David Foster. *This is Water*. Nova York: Little, Brown and Company, 2005.

WOLF, Max et al. "Accurate Decisions in an Uncertain World: Collective Cognition Increases True Positives while Decreasing False Positives". *Proceedings of the Royal Society of London B*, Londres, 280, 1.756, 2013.

_____. "Collective Intelligence Meets Medical Decision-making: The Collective Outperforms the Best Radiologista". *Plos ONE*, San Francisco, 10, 8, 2015.

_____. "Detection Accuracy of Collective Intelligence Assessments for Skin Cancer Diagnosis". *JAMA Dermatology*, 151, 12, 2015, pp. 1.346–53.

_____. "Boosting Medical Diagnostics by Pooling Independent Judgments". *Proceedings of the National Academy of Sciences of the United States of America*, Washington, DC, 113, 31, 2016, pp. 8.777–82.

_____. "Plant Ocelli for Visually Guided Plant Behavior". *Trends in Plant Science*, 22, 1, 2017, pp. 5–6.

WOOLLEY, Anita Williams et al. "Evidence for a Collective Intelligence Factor in the Performance of Human Groups". *Science*, Washington, DC, 330, 6.004, 2010, pp. 686–88.

ZHENG, Yongmei et al. "Directional Water Collection on Wetted Spider Silk". *Nature*, Londres, 463, 2010, pp. 640–43.

índice onomástico

Alexandre, o Grande **62**
Andróstenes **62**
Aquiles **120**
Armstrong, Neil **143-44**
Asimov, Isaac **155**
Assis, Sao Francisco de **158**
Azzarello, Elisa **167**

Baluška, František **46, 103**
Bates, Henry Walter **45**
Belady (Lazlo) **122**
Bierce, Ambrose **158**
Bonaparte, Napoleão **155**
Bonnet, Charles **127**
Bonpland, Aimé **129**
Borges, Jorge Luis **120**
Braun, Alexander **34**
Brontë, Charlotte **135**
Bryson, Bill **75**
Buonarroti, Michelangelo **125**
Burroughs, William **75**
Byrnes, Nadia **88**

Cálicles **106**
Calímaco **142**
Callebaut, Vincent **135**
Candolle, Augustin-Pyramus de **20-21**
Čapek, Karel **27**
Caritat, Marie-Jean-Antoine-Nicolas de (marquês de Condorcet) **111**
Carrasco-Urra, Fernando **44, 46**
Carroll, Lewis **135**
Cavendish, William (sexto duque de Devonshire) **130-31, 134**
Cernan, Eugene **144**
Condorcet, marquês de **111-12**
Conradt, Larissa **107-08**
Cortés, Hernán **12**

Damon, Matt **145**
Darwin, Charles **33, 40, 47, 60, 76-77, 115, 117, 135, 139**
Darwin, Erasmus **33, 102**

Darwin, Francis **47, 62**
Da Vinci, Leonardo **28, 126, 169**
Dawson, Rocca e Vincent **65**
Delpino, Federico **76-77**
Desfontaines, René **19-23**
Diamond, Jared **51**
Dickens, Charles **135**
Diderot, Denis **15**
Dido (fundadora de Cartago) **30**
duque de Northumberland **131**
Dutrochet, Henri de **18**

Einstein, Albert **26**
Eliot, George **135**
Esaú **54**
Fabre, Jean-Henri **32**
Favretto, Cristiana **166**
Fendi, Ilaria **166**
Fosdick, Harry Emerson **93**
Franklin, Benjamin **114-15, 117-19, 122**

Gagliano, Monica **21**
Galilei, Galileu **62,**
Gianoli, Ernesto **43, 44, 46**
Girardi, Antonio **166**
Goethe, Johann Wolfgang von **33, 102**

Haberlandt, Gottlieb **47-48**
Hallé, Francis **102**
Hamilton, Bill **51**
Hayes, John **88**

Hooke, Robert **18**
Hooker, Joseph D. **139**
Hugo, Victor **15**
Huxley, Aldous **59**

Jacó **54**
Janssen, Zacharias **62**
Jarbas (governante africano) **30**

Kawano, Tomonori **21**

Lang, Fritz **27**
Laureano, Pietro **140**
Le Corbusier (Charles-Edouard Jeanneret-Gris) **126**
Lindley, John **129**
Lindquist, Susan **25**
Lippershey, Hans **62**
Luigi Nervi, Pier **135**
Lumière, Auguste e Louis **59, 61**
Lysenko, Trofim Denisovich **55**

Ma, Mingming **10, 65, 102, 107, 134, 153**
Madison, James **93**
Masi, Elisa **167**
Masoumi, Saleh **128**
Mazzolai, Barbara **35**
Michelangelo **125**
Monet, Jean-Baptiste Pierre Antoine de (cavaleiro de

Lamarck) **18**
Montezuma **12**
Murakami, Haruki **59**
Muybridge, Eadweard **60**

Napoleão III **131**
Nati, Pietro **33**
Niven, Larry **143**

Pandolfi, Camilla **68, 167**
Papa Francisco **174**
Paxton, Joseph **130-35**
Pfeffer, Wilhelm Friedrich
    Philipp **60-63, 71**
Pisacane, Carlo **93**
Pizarro, Francisco **12**
Platão **105-06**
Poeppig, Eduard Friedrich **129**

Rafael **125**
Rainha Vitória **129, 131**
Ramankutty, Navin **161**
Ricardo, David **159, 174**
Roper, T. J. **107-08**
Rozin, Paul **87, 88**

Saarinen, Eero **136**
Sachs, Julius von **60**
Sagan, Carl **143**
Sanbonmatsu, Karissa **24**
Scott, Ridley **146**
Scoville, Wilbur **86, 87**
Sócrates **106-07**

Sr. Monthieu **115**
Stálin, Josef **55**

Tales de Mileto **158**
Tennyson, Alfred **136**
Teofrasto **103**

Vavilov, Nikolai
    Ivanovich **54-55**
Vitellozzi, Annibale **136**
Vitrúvio **143**
Vittori, Arturo **142**

Wager, Harold **47**
Wallace, David Foster **159**
Wedgwood, Emma **118**
Wheeler, Raymond **148**
Williams, Jonathan **115**
Wolf, Max **113-14**
Wright, Frank Lloyd **126**

Zenão **121**

sobre o autor

STEFANO MANCUSO nasceu em 1965, em Catanzaro, na Itália. É formado pela Università degli Studi di Firenze (UniFI). Em 2005, fundou o LINV – International Laboratory of Plant Neurobiology, um laboratório dedicado à neurobiologia vegetal que explora a sinalização e a comunicação entre plantas em todos os seus níveis de organização biológica. Em 2012, participou do projeto Plantoid e projetou um robô para que agisse e crescesse como uma planta. Em 2014, ele abriu, na UniFI, uma start-up dedicada à biomimética vegetal, ramo que envolve artefatos tecnológicos imitando determinadas capacidades das plantas, e desenvolveu um modelo de estufa flutuante chamado "Jellyfish Barge". É o fundador da neurobiologia vegetal. Publicou, entre outros, os livros *Verde brillante* [Verde brilhante] (2013), em coautoria com Alessandra Viola; *Botanica. Viaggio nell'universo vegetale* [Botânica. Viagem ao universo vegetal] (2017); *L'incredibile viaggio delle piante* [A incrível viagem das plantas] (2018); *La nazione delle piante* [A nação das plantas] (2019). Em 2018, Mancuso recebeu o XII Prêmio Galileo de escrita literária de divulgação científica pelo presente livro.

Título original: *Plant Revolution. Le piante hanno già inventato il nostro futuro*, por Stefano Mancuso
© 2017 Giunti Editore S.p.A., Firenze-Milano
www.giunti.it

© 2019 Ubu Editora

ilustração da capa Andrés Sandoval
coordenação editorial Florencia Ferrari
preparação Fabiana Medina
revisão Rita de Cássia Sam e Cacilda Guerra
produção gráfica Marina Ambrasas

EQUIPE UBU
direção editorial Florencia Ferrari
direção de arte Elaine Ramos; Júlia Paccola e
   Nikolas Suguiyama (assistentes)
coordenação geral Isabela Sanches
coordenação de produção Livia Campos
editorial Bibiana Leme e Gabriela Ripper Naigeborin
comercial Luciana Mazolini e Anna Fournier
comunicação / circuito ubu Maria Chiaretti,
   Walmir Lacerda e Seham Furlan
design de comunicação Marco Christini
gestão circuito ubu / site Cinthya Moreira e Vivian T.

8ª reimpressão, 2024

UBU EDITORA
Largo do Arouche 161 sobreloja 2
01219 011 São Paulo SP
ubueditora.com.br
❚ ◎ /ubueditora

Questo libro è stato tradotto grazie ad un contributo del Ministero degli Affari Esteri e della Cooperazione Internazionale Italiano.

Este livro foi traduzido graças ao auxílio à tradução conferido pelo Ministério Italiano de Relações Exteriores e Cooperação Internacional.

Dados Internacionais de Catalogação na Publicação (CIP)
Bibliotecária Vagner Rodolfo da Silva – CRB 8/9410

Mancuso, Stefano
  Revolução das plantas: um novo modelo para o futuro / Stefano Mancuso; traduzido por Regina Silva.
  – São Paulo: Ubu Editora, 2019. / Tradução de: *Plant Revolution: Le piante hanno già inventato il nostro futuro* / 192 pp.
ISBN 978 85 7126 034 4

1. Ecologia. 2. Biologia. 3. Ciências sociais. 4. Robótica.
I. Silva, Regina. II. Título.

	CDD 577
2019-886	CDU 574

Índice para catálogo sistemático:
1. Ecologia 577 2. Ecologia 574

tipografias Italian Plate e Tiempos
papel Pólen bold 70 g/m²
impressão Margraf